MANUEL

D'AGRICULTURE.

MANUEL D'AGRICULTURE

A L'USAGE

DES ÉCOLES PRIMAIRES

DU DÉPARTEMENT DE L'ALLIER,

PAR THÉODORE CHEVALIER

Directeur de l'Ecole primaire supérieure de Moulins ;

OUVRAGE PUBLIÉ SOUS LE PATRONAGE

DE M. GENTEUR, PRÉFET DE L'ALLIER,

Et de la Société d'Agriculture du département.

MOULINS,

TYPOGRAPHIE DE P.-A. DESROSIERS ET FILS.

1858.

PRÉFACE.

—

Depuis quelques années, les travaux publics, les industries diverses qui occupent la classe si nombreuse et si intéressante des ouvriers de notre pays, ont pris un développement remarquable, grâce à l'impulsion sage et intelligente que le gouvernement de Sa Majesté Napoléon III a su leur imprimer.

L'agriculture, cette source la plus féconde de la richesse de notre belle France, n'a point été oubliée dans les mesures que le Gouvernement a prises pour donner l'essor à la prospérité générale : des fonds ont été votés pour venir en aide aux propriétaires qui améliorent leurs terres par le drainage ; un concours universel pour le bétail a été organisé, afin que les éleveurs puissent profiter de l'expérience de nos voisins ; des concours régionaux excitent entre les cultivateurs habiles une heureuse émulation, entretenue par des récompenses accordées aux plus méritants ; dans chaque département les comices reçoivent des allocations qu'ils distribuent aux colons qui se signalent par les améliorations et les efforts qu'ils tentent dans leurs exploitations rurales ; des écoles régionales offrent aux jeunes gens qui désirent joindre aux connaissances pratiques les théories les plus élevées , un enseignement large et bien approprié aux besoins de l'agriculture ; des fermes-écoles, dans chaque département, forment de bons praticiens, qui vont ensuite par leur exemple diriger les populations de la campagne ; enfin les instituteurs ont été eux-mêmes appelés à contribuer au progrès général : des professeurs d'horticulture et d'arboriculture, attachés aux écoles normales primaires, donnent aux jeunes instituteurs des notions utiles, que ceux-ci transmettent ensuite à leurs élèves.

Cependant, à l'exception de ces principes d'horticulture et d'arboriculture, l'enseignement agricole proprement dit manque complètement dans les écoles du département de l'Allier ; les enfants qui les fréquentent apprennent à lire, à écrire, à compter; on les initie aux éléments de la grammaire française et de l'histoire , mais on ne leur parle point de l'agriculture qui doit faire l'occupation de toute leur vie. M. Genteur, Préfet de l'Allier, dont le zèle éclairé et vigilant s'étend à toutes les branches de l'administration, a voulu faire disparaître cette lacune; la Société d'Agriculture à laquelle il s'est adressé, a adopté avec empressement la proposition qui lui était faite, et cette compagnie à laquelle sont dues les améliorations importantes que l'on remarque dans les campagnes du Bourbonnais, m'a confié le loin de rédiger un Manuel d'agriculture pour les écoles primaires du département.

Je n'ai donc pas eu pour but de faire un traité complet, car il existe un grand nombre d'ouvrages sur l'agriculture, dus à des hommes plus habiles et surtout plus expérimentés que moi en pareille matière. Dans ce petit Manuel, qui ne s'occupe que de ce qui se fait ou qui pourrait avantageusement se faire dans le département, j'ai cherché à mettre à la portée des enfants de nos écoles des notions claires et simples sur les principales parties de l'agriculture ; j'ai voulu leur faire connaître les progrès qui ont été faits de nos jours, les engager à abandonner la routine en leur montrant ce qui est mieux, leur faire aimer la campagne en leur exposant les avantages qu'elle offre, enfin exciter en eux la reconnaissance envers le souverain maître du monde auxquels ils doivent tout. Aussi, pour ne point sortir du cadre restreint que je me suis tracé, j'ai omis à dessein toutes les cultures étrangères au département ; je n'ai rien dit également de la vigne, parce qu'elle est dirigée d'une manière différente dans chaque localité, et que l'exposition des diverses méthodes exigerait des développements trop étendus pour ce Manuel.

Tel est le but que je me suis proposé, telle est la pensée qui m'a dirigé dans ce travail. Si, à l'aide des ouvrages que j'ai consultés, et avec le concours des personnes

qui ont bien voulu me guider et me présen-
ter leurs observations, j'ai pu faire un livre
élémentaire utile aux enfants de nos écoles,
et contribuer ainsi pour l'avenir au progrès
de l'agriculture dans notre pays, je serai
largement récompensé de mes efforts. Je
m'estimerai surtout heureux de rendre encore par là quelques services à cette jeunesse à l'instruction de laquelle je consacre
depuis longtemps mon existence.

CHEVALIER,

Directeur de l'Ecole primaire supérieure
de Moulins.

DÉFINITIONS ET DIVISIONS.

---

1. L'agriculture est l'art [de bien cultiver le sol, c'est-à-dire d'en tirer le meilleur parti possible, tant sous le rapport des récoltes que sous celui de l'application des engrais, de l'élevage des bestiaux, de la fabrication des produits agricoles, tels que le beurre, le fromage, etc.

Pour atteindre ce but il faut :

2. 1º Connaître la nature du sol sur lequel on veut opérer, afin de conserver et d'accroître ses qualités et de remédier à ses défauts;

2º Connaître la valeur des engrais et des amendements que réclament le sol et l'alimentation des plantes;

3º Préparer le sol par la culture, semer, faire les travaux d'entretien, couper les récoltes, les ranger et connaître l'usage des instruments et des machines qui sont employés à ces diverses opérations,

4º Cultiver chaque plante de manière qu'elle

donne, économiquement, le plus haut produit possible ;

5° Savoir combiner les différentes récoltes dans le but d'améliorer le sol et de répondre aux besoins de l'exploitation ;

6° Connaître les soins qu'exigent l'élevage, l'entretien et la multiplication du bétail ;

7° Savoir appliquer les meilleurs modes de fabrication pour les produits agricoles ;

8° Se rendre compte des opérations que l'on fait, et s'assurer qu'elles sont avantageuses et donnent un bénéfice.

3. Telles sont les divisions principales que nous adopterons dans ce Manuel. Ce cadre, tout restreint qu'il est, laisse néanmoins entrevoir combien sont variées et importantes les opérations que comporte l'agriculture ; aussi est-elle, à juste titre, considérée comme la première des industries. Elle exige, en effet, de celui qui s'y livre, non seulement la pratique, mais encore l'observation attentive des faits, un bon jugement et l'exercice de toutes ses facultés intellectuelles. Elle est la première des industries, parce qu'elle procure aux autres les matières premières qui leur sont indispensables ; parce qu'elle satisfait à l'un des besoins les plus impérieux de l'homme en lui fournissant ce qui est nécessaire à

son existence ; parce qu'elle est antérieure à toutes les industries , et qu'il n'en est aucune qui puisse, au même degré , développer dans le cœur de l'homme le sentiment religieux et la véritable piété , car elle seule est une preuve manifeste et quotidienne de l'action de la providence.

Aimez donc l'agriculture , jeunes gens , elle est digne de votre attachement ; voyez, en effet, comme elle attire à elle toutes les classes de la société, loin d'être l'objet de leur dédain : le savant s'attache à faire des découvertes pour en hâter les progrès ; les personnes les plus éclairées quittent la ville et embrassent la vie des champs pour s'y livrer aux travaux de la campagne ; le magistrat lui consacre les loisirs que lui laissent ses graves occupations ; enfin, sous l'impulsion si éclairée de Sa Majesté l'Empereur Napoléon, dont la sollicitude s'étend à toutes les classes de la société et surtout aux classes ouvrières, les encouragements les plus honorables sont prodigués au cultivateur par les hommes placés à la tête de l'État et de l'administration. Que de motifs d'aimer une profession vers laquelle se tournent tous les regards , et dont l'importance grandit de jour en jour.

PREMIÈRE PARTIE.

—

—

§ I.

Sol. — Sous-sol. — Sol calcaire. — Terres fortes. — Sol argileux. — Terre franche. — Chambonnage ou terres d'alluvion. — Sol siliceux.

4. En agriculture, on appelle sol la couche de terre arable, c'est-à-dire celle qu'on cultive et dans laquelle les graines trouveront de quoi germer et produire des plantes. Cette couche est d'autant plus précieuse qu'elle a plus de profondeur, parce qu'alors le sol souffre moins de l'humidité et de la sécheresse, et qu'il contient en plus grande quantité les substances propres à la nutrition des végétaux.

5. Le sous-sol qui joue un rôle important en agriculture, est la couche de terre qui se trouve immédiatement au-dessous de la couche arable.

6. On dit qu'il est perméable lorsque l'eau traverse facilement ses couches, et imperméable quand il offre une grande résistance à l'infiltration de l'eau.

7. Trois substances principales entrent dans la composition du sol : l'argile (glaise , ou terre grasse), la silice (sable) et les calcaires (pierres à chaux).

8. Chacune de ces substances prise isolément, n'est susceptible d'aucune culture profitable ; mais, réunies dans de certaines proportions , elles forment des terrains plus ou moins propres à la culture.

9. Quand le sol contient un excès de l'une de ces substances, on lui en donne le nom ; ainsi, l'on dit que le sol est calcaire , si la partie calcaire domine ; argileux, si c'est l'argile (la terre grasse); sableux , si c'est la silice (le sable); on désigne souvent les qualités du sol par un nom composé, emprunté aux deux substances dont il se compose principalement ; ainsi on dit : sol argilo-siliceux, sol argilo-calcaire, etc.

10. Les sols où le calcaire est surtout en excès sont, en général, peu productifs. Leur couleur blanche réflète les rayons solaires qui ne peuvent pénétrer la masse du sol ; les gelées les soulèvent de toutes parts et déterminent très facilement le déchaussement des racines ; après une pluie abon-

inconvénients complètement opposés à ceux des terres argileuses : ils ne peuvent retenir l'eau au profit de la végétation, celles des pluies et des arrosements les traversent plus facilement, ils s'échauffent et se dessèchent promptement, et deviennent brûlants en été.

16. On peut les travailler en tout temps, car ils ne forment jamais pâte et n'offrent pas une grande résistance.

§ II.

Classification des terres arables du département de l'Allier.— Sol argilo-siliceux. — Sol granitique. — Alluvions. — Terres fortes.

17. Le sol arable du département de l'Allier présente des terrains qui renferment, dans des proportions très-variables, toutes ou quelques-unes des substances dont nous venons de parler.

18. Un tiers de sa superficie au moins, c'est-à-dire la plus grande partie des terres situées à l'Est, entre l'Allier et la Loire, est composé de sable et d'argile ; il en est à peu près de même pour l'Ouest du département. Ce sol argilo-sableux est froid et peu productif ; les seigles y donnent de bons produits et les bois y viennent assez bien.

19. Il a pour inconvénient, ainsi que nous l'avons

dit précédemment en parlant des sols légers et des sols argileux , de laisser passer facilement les eaux si le sable y domine, et de les retenir si c'est l'argile ; aussi trouvait-on, il y a quelques années, de nombreux étangs dans ces parties du département.

Il est un sol qui, par sa composition , a beaucoup de rapports avec celui-ci, mais qui s'en distingue par la qualité de ses produits et la nature du sous-sol ; il est dû à la décomposition de roches granitiques, et formé d'argile et de grains de quartz (sable) plus ou moins fins. Ce terrain que l'on désigne généralement par le nom de terrain vif, a souvent peu de profondeur et produit d'excellents seigles et de bonnes prairies naturelles. Il occupe une superficie assez considérable au Sud de Montluçon ; la couche arable du canton de Marcillat en est presque totalement formée ; on le trouve également à l'Est de la route de Montmarault à Moulins , dans les cantons de Montmarault, du Montet et de Souvigny ; on le rencontre encore, mais en moins grande étendue, dans ceux d'Hérisson , de Saint-Pourçain , de Chantelle et d'Ebreuil, et dans quelques autres cantons de l'Est.

20. Ces terrains, comme nous le verrons en nous occupant des amendements , sont susceptibles d'être améliorés par la chaux et la marne.

21. Les plaines sillonnées par les divers cours

d'eau qui traversent le département : la Loire, la Besbre, l'Allier, la Sioule, le Cher et quelques autres rivières moins importantes, sont formées d'alluvions, c'est à-dire de dépôts laissés par les eaux.

22. Ces dépôts, composés de vase, de sable et d'autres substances enlevées par les eaux dans leur parcours, forment des terres très-fertiles ; ce sont celles qu'on appelle communément terres de chambonnage.

23. Il existe, en outre, dans divers cantons du département, par exemple dans ceux de Gannat, d'Ebreuil, de Saint-Pourçain, de Varennes, de Jaligny, de Souvigny, etc., des terrains dans lesquels les calcaires mélangés à l'argile sont en abondance. Les terres qui les contiennent sont très fertiles et sont connues sous le nom de terres fortes.

§ III.

Humus. — Aspect physique du sol.

24. Outre les trois substances que nous avons dit entrer dans la formation des terres arables, il en est une quatrième qu'on appelle humus ou terreau, qui se trouve dans tous en plus ou moins grande quantité. L'humus est une substance brune ou noirâtre, provenant des engrais, des débris de racines, des feuilles et branches mortes , des restes des animaux et des insectes.

25. Délayé dans l'eau , l'humus donne une liqueur brune ; c'est cette matière soluble dans l'eau, qui , absorbée par les racines , forme la principale nourriture des plantes.

26. Il s'échauffe rapidement , mais il perd vite la chaleur ; il absorbe l'humidité de l'air et retient longtemps l'eau dont il est imbibé. Il tend à diviser les terres compactes en les rendant plus perméables à l'air , et donne , au contraire, de la consistance aux terres légères.

27. Dès-lors la richesse du sol dépend de la quantité d'humus qu'il renferme , à moins toutefois que cet humus ne soit acide, c'est-à-dire ne soit formé de plantes décomposées sous l'eau, comme cela arrive souvent dans les défrichements récents des forêts et dans les sols qui contiennent de la tourbe. Il faut alors employer la chaux ou l'écobuage pour le rendre propre à la nourriture des plantes.

28. L'excès d'humus fait cependant verser les récoltes ; mais il est facile aussi de concevoir que les matières qui le forment, servant à alimenter les plantes , diminueront si la terre , fréquemment cultivée , n'est pas suffisamment engraissée.

29. Il importe donc , pour qu'un sol continue à être fertile , qu'on répare les pertes que lui fait éprouver la culture, en lui donnant des engrais, ou en labourant sur des récoltes en vert, ou en cultivant des plantes comme le trèfle, la luzerne et le sainfoin, dont les longues racines et les débris restant dans la terre feront plus tard une augmentation d'humus.

30. L'aspect physique (aspect extérieur) du sol , doit être pris en considération ; il dénote souvent sa qualité ; plus sa couleur est foncée, plus il s'échauffe facilement ; c'est le contraire si elle est blanche : aussi la végétation est-elle plus active dans une terre noire que dans une terre blanche.

§ IV.

Préparation du sol avant la mise en culture. — Défrichement. — Épierrement. — Fossés couverts. — Drainage.

31. Le sol n'est pas toujours apte à recevoir immédiatement les diverses opérations d'une culture régulière : bien des obstacles peuvent s'y opposer. Quelquefois il est couvert d'arbres , de buissons ou d'herbes ; d'autres fois il est encombré de pierres ; enfin la couche arable et le sous-sol peuvent renfermer de l'eau , ou au moins une humidité surabondante.

32. On fait disparaître les arbres, les buissons et les bruyères par un défrichement , opération qui consiste à retourner avec la charrue les vieilles friches, les vieilles prairies, où à enlever les arbres, les buissons et les racines qui gêneraient les labours, dont plusieurs sont ordinairement nécessaires avant d'emblaver.

33. Lorsqu'un terrain renferme une grande quantité de pierres roulantes cédant à l'action de la charrue et de la herse, il faut procéder à un épierrement, c'est-à-dire enlever les pierres, car elles frappent d'improduction une partie de la couche végétale et usent les instruments. Le soin de cette opération , qui se fait dans la morte saison, doit être confié aux femmes et aux enfants. Les pierres servent à réparer les chemins ou à faire des fossés couverts.

34. Si les pierres sont trop grosses pour être enlevées, et qu'on ne veuille pas avoir recours à la mine pour les briser, on fait auprès d'elles un trou assez profond pour les enfouir, de manière à ce qu'elles ne puissent être atteintes par la charrue.

35. Les terres humides s'assainissent par des labours profonds et des rigoles d'écoulement ; si l'excès d'humidité de la couche arable et du sous-sol est dû à leur imperméabilité, ou provient d'infiltration et de sources supérieures, il faut pratiquer des fossés assez profonds et avec une pente suffisante pour faire écouler les eaux.

36. Ces fossés étant souvent un obstacle à la facile exécution des travaux, on les remplace par le drainage.

37. On fait des drainages en tuyaux de terre cuite, en pierre, en bois, en fascine, etc.

38. Les drains en pierre ne sont, à vrai dire, que des fossés couverts dont le fond est garni en pierres sèches recouvertes de mousse et de terre.

39. Les drains en bois sont connus sous le nom de ouides. Ils sont faits avec des pins verts, des vernes, ou autres espèces d'arbres que l'on place au fond de la tranchée, un de chaque côté, et un troisième au-dessus de ceux-ci, en ayant soin de mettre le gros bout du côté des petits bouts des autres, afin qu'il reste un vide entre eux ; on les recouvre de pierrailles et ensuite de terre.

40. Quand les pierres et le bois sont rares, on a recours pour drainer aux fascines (petits fagots). Après les avoir placées, on les recouvre de paille, de genêts ou de joncs avant de rejeter la terre dans la tranchée.

41. Malheureusement les fossés couverts les mieux faits, finissent toujours par s'engorger, et l'on se voit ainsi obligé de recommencer des travaux fort dispendieux.

42. C'est pour obvier à cet inconvénient qu'on a remplacé depuis quelques années les pierres, le bois et les fascines par des tuyaux en terre cuite, placés bout à bout dans le fond de la tranchée. La confection et la pose des tuyaux, le creusement des fossés (tranchées) destinés à les recevoir, leur largeur, leur profondeur, leur direction, constituent l'art du draineur.

43. Le drainage a non-seulement pour effet de débarrasser le sol de l'excès d'humidité, mais de le rendre meilleur sous tous les rapports. Les terrains drainés sont moins froids, ils se laissent pénétrer plus facilement par l'air, ils sont beaucoup plus faciles à travailler ; les principes nutritifs sont augmentés et mieux appropriés aux racines des plantes ; les matières nuisibles sont transformées par l'action de l'air et de l'eau ; enfin les récoltes deviennent plus abondantes et plus assurées.

44. Beaucoup de terres du département de l'Allier, et surtout celles qui sont les plus froides et les moins productives, deviendraient fertiles si elles étaient drainées. Les effets de cette opération se feraient principalement sentir dans les sols argilo-sableux qui retiennent les eaux et qui occupent une si grande surface dans le département.

Questions résumant la première partie.

1º Qu'est-ce que l'agriculture? (1)

2º Principales divisions du traité. (2)

3º Quelle est l'importance de l'agriculture? (3)

4º Qu'est-ce que le sol, quels sont les avantages que présente une couche arable profonde ? (4)

5º Qu'entend-on par sous-sol et quand est-il perméable ou imperméable. (5, 6)

6º Quelles sont les substances qui constituent ordinairement la couche arable ? sont-elles isolément propres à la culture ? (7, 8)

7º Quelles dénominations donne-t-on aux sols suivant leur composition ? (9)

8º Quels sont les qualités et les défauts des sols où le calcaire est en excès ? (10)

9º Qualités et défauts des sols calcaires mélangés à une quantité notable d'argile et de sable. (11)

10º Qualités et défauts des sols argileux. (12)

11º Qu'appelle-t-on terre franche, et quelles sont ses qualités ? (13, 14)

12º Qualités et défauts des terres légères ou sableuses. (15, 16)

13. Où se trouvent dans le département de l'Allier, les sols argilo-silicieux ? Quels sont leurs défauts et leur degré de fertilité ? sont-ils susceptibles d'amélioration? (17, 18, 19, 20)

14° Où se trouvent les terrains d'alluvions et quel est leur degré de fertilité ? (21, 22)

15° Où se trouvent les terres fortes ? quelles sont leur composition et leur fertilité. (23)

16° Qu'appelle-t-on humus et d'où provient-il ? (24)

17° Que fournit-il aux plantes et quelles sont ses propriétés? (25, 26)

18° D'où dépend la richesse du sol, où rencontre-t-on l'humus acide? (27)

19° Quels sont les effets d'une trop grande quantité d'humus ? (28)

20° Est-il nécessaire de réparer les pertes du sol et comment y parvient-on ? (29)

21° Pourquoi doit-on prendre en considération l'aspect physique du sol ? (30)

22° Quels sont les obstacles à la mise en culture d'un terrain ? (31)

23° Qu'est-ce qu'un défrichement ? (32)

24° Qu'est-ce qu'un épierrement ? comment faut-il opérer si les pierres sont trop grosses ? (33, 34)

25° Comment assainit-on les terres humides? (35)

26° Par quoi remplace-t-on les fossés ouverts? quels sont les divers drainages qu'on emploie ? (36, 37)

27° Expliquer ce que sont les drains en pierre, en bois et en fascines ? (38, 39, 40)

28° Quels sont les inconvénients de ces sortes de drainage? (41)

29° Quels sont les avantages des tuyaux de drainage en terre cuite ? (42, 43)

30° Quelles sont les terres auxquelles le drainage serait profitable dans le département de l'Allier ? (44)

DEUXIÈME PARTIE.

—

AMENDEMENTS ET ENGRAIS QUE RÉCLAMENT LE SOL
ET L'ALIMENTATION DES PLANTES.

—

§ 1er.

Amendements. — Sable. — Plâtras. — Argile brulée. — Chaux.— Marne.— Plâtre.— Cendres. — Suie, etc.

45. Le sol sert de point d'appui aux plantes et leur fournit les diverses substances destinées à leur entretien ; mais il est rare de trouver un sol qui remplisse convenablement ces deux fonctions, et qu'il réunisse les conditions les plus parfaites de culture ; quelquefois ils est trop compacte, d'autres fois trop léger, souvent les plantes y souffrent de la sécheresse ou de l'humidité.

46. Les amendements ont pour but de faire disparaître, autant que possible, ces inconvénients, et de placer le sol dans les meilleures conditions de fertilité. D'après cela, on amende, on améliore un sol argileux avec les sables, les pierrailles, les plâtres de démolition, en un mot, avec toutes les matières qui peuvent le diviser ou le rendre perméable (meuble). L'argile brûlée est également un amendement précieux pour les terres argileuses, car elle les rend plus meubles.

47. C'est encore amender les terres que de faire des irrigations dans celles qui craignent la sécheresse, et de drainer celles qui souffrent de l'humidité. Au reste, avant de se livrer à ce travail, il faut s'assurer que la dépense sera compensée par l'augmentation des produits.

48. A parler rigoureusement, on ne devrait donner le nom d'amendement qu'aux substances dont nous venons de parler et qui modifient la nature du sol, et non à celles qui, tout en produisant cet effet, cèdent quelques-unes de leurs parties aux plantes, et jouent ainsi le rôle d'engrais. Néanmoins, dans le langage habituel, on donne, en agriculture, le nom d'amendements à la chaux, à la marne et à quelques autres substances qui modifient le sol et nourrissent les plantes.

49. Il y a des chaux grasses et des chaux maigres; ces dernières contiennent du sable en plus ou moins grande quatité, et produisent par conséquent moins d'effet les premières ; au contraire, sont préférables en agriculture.

50. Pour employer la chaux, on la dépose généralement sur le champ, par petits tas que l'on recouvre de terre et qu'on laisse fuser. Lorsqu'elle est réduite en poudre, on la mêle à la terre et on la répand à la pelle, puis on la mélange au sol par des hersages et des labours réitérés.

51. Mais la méthode la plus estimée dans les contrées où l'agriculture a fait le plus de progrès, est celle des composts : on fait des lits de chaux vive alternés avec des lits de gazons, de curures d'étang, de tourbe, de balayures de route. On recouvre le tas d'une couche de terre, et on laisse la chaux s'éteindre. Au bout d'une quinzaine de jours, on commence à mélanger le tout ensemble ; on recoupe le compost une seconde fois avant l'emploi, parce que l'effet sur le sol est d'autant plus puissant que le mélange est plus ancien et plus parfait.

52. Enfouir la chaux en même temps que la semence est une mauvaise pratique, elle peut attaquer les grains et les premières racines. Mieux vaut chauler avec l'avant-dernier labour ; mais, dans tous les cas, on doit assainir les terres humides avant de l'employer (1).

(1) La quantité de chaux à employer par hectare dépend de la nature du terrain et surtout de la bourse du cultivateur. Les Anglais en répandent des doses considérables ; dans quelques départements de la France, on imite presque leur exemple, tandis que dans d'autres, comme dans la Mayenne, on se contente de mettre 24 à 52 hectolitres par hectare. Dans le

53. Il ne faut pas croire que la chaux ne soit bonne que dans les terres argileuses; elle produit de très-bons effets dans les terres légères sableuses, et perméables.

54. Aussi, l'emploi de cet amendement a t-il donné les meilleurs résultats dans un grand nombre de localités du département de l'Allier: les sols granitiques et argilo-sableux qui en occupent une si grande surface, sont transformés par la chaux en terres à froment; les trèfles, les luzernes qui n'y pouvaient croître, y viennent bien; enfin, ces sols sont rendus propres à toutes les cultures par les chaulages.

55. La chaux nourrit les plantes, mais elle ne peut tenir lieu de fumier; au contraire, plus on chaule plus il faut fumer, et mieux vaut ne pas mettre de chaux que de la mettre sans fumier. Il faut donc craindre l'abus de cette substance.

56. La marne est un mélange de calcaire, d'argile et de sable; elle ressemble beaucoup à l'argile. On trouve des marnes blanches, grises, vertes, bleues, noirâtres; les unes sont tendres, les autres ont la consistance de la pierre; mais, pour la con-

département de l'Allier, la dose varie de 100 à 160 hectolitres. Dans tous les cas, on ne doit pas la répandre par la pluie ni même par un temps trop humide.

naître, il suffit de verser dessus quelques gouttes de fort vinaigre ; si c'est de la marne, elle bouillonnera comme la chaux vive atteinte par l'eau.

57. Il y a trois sortes de marnes : la marne calcaire contenant beaucoup de calcaire , peu d'argile et encore moins de sable ; elle convient à tous les sols non-calcaires. La marne siliceuse, contenant beaucoup de sable , peu d'argile et une faible quantité de calcaire ; elle convient aux terres argileuses. La marne argileuse , contenant beaucoup d'argile , peu de calcaire et de sable ; elle convient aux terres légères, graveleuses et sablonneuses.

58. On marne généralement en automne , pendant l'hiver, enfin quand on le peut. On dépose la marne sur la terre en petits tas égaux, et quand ils ont commencé à se déliter (émietter), on les étend aussi également que possible, puis on enterre par un labour la marne lorsqu'elle est presque sèche et délitée.

59. Ce que nous avons dit de la chaux s'applique à la marne : Elle modifie le sol et sert à la nourriture des plantes. En marnant, il faut fumer beaucoup , autrement on pourrait dire avec raison : *La marne enrichit les pères et appauvrit les enfants.*

60. Plusieurs autres substances produisent des effets analogues à ceux de la chaux et de la marne;

c'est-à-dire qu'elles modifient la [nature du sol et nourrissent les plantes ; ce sont : le plâtre, les cendres, la suie, les plâtras et les boues des routes. On pourrait les désigner par le nom d'*amendements-engrais*.

61. Le plâtre, répandu sur le sol quand les plantes sont déjà sorties, produit de bons effets, particulièrement sur le trèfle, la luzerne et les légumineuses en général.

62. Les cendres de bois qui ont servi au lessivage du linge, et qui sont connues sous le nom de charrée, ameublissent les sols argileux, détruisent les mauvaises plantes et sont favorables à la végétation. Elles conviennent aux sols humides qu'on doit égoutter avant de les répandre sèches et par un beau temps. Elles produisent de bons effets sur les pâturages et sur les prés, même lorsqu'ils sont sécherins et infestés de mousse.

63. Les cendres de tourbe, celles de houille (charbon de terre), conviennent aux sols compactes et argileux. Les dernières étant peu riches en matières fertilisantes, servent surtout à amender.

64. La tourbe que nous venons de nommer est une couche de végétaux enfouis depuis des siècles dans le sol à une légère profondeur, et qui sont pour ainsi dire passés à l'état de charbon. On ne peut l'employer que mélangée à la chaux, ou après l'avoir fait brûler.

65. La suie répandue sur les prairies excite la végétation et détruit la mousse et les joncs ; jetée sur le colza, elle écarte la puce de terre qui le dévore souvent.

66. Quant aux plâtras provenant des démolitions et aux boues des routes, ils servent tout à la fois d'amendements et d'engrais.

§ II.

Engrais. — Engrais minéraux. — Engrais végétaux. — Engrais verts.— Marcs.—Tourteaux.— Engrais animaux. — Sang.—Chair des animaux.—Noir animal.—Matières fécales. — Purin.— Colombine.— Guano. — Parcage.— Engrais mixtes. — Fumier de cheval et de mouton. — Fumier des bêtes à cornes et des porcs.

67. L'humus, avons-nous dit, renferme les principes qui servent de nourriture aux plantes ; il faut donc entretenir sa richesse, sans cela elles dépériraient.

68. C'est qu'en effet la terre est comme la bourse du cultivateur ; s'il lui prend toujours, sous forme de récolte, les substances qu'elle donne aux plantes, et s'il ne lui en rend jamais, elle finira par se vider, c'est-à-dire par devenir stérile (ne produisant plus rien). Il faut donc rendre à la terre pour la maintenir fertile (productive), des substances convenables, en quantités convenables et aux époques convenables.

69. C'est par des engrais que l'on conserve et que l'on augmente la fertilité de la terre.

On entend par engrais toutes les substances que l'on peut mettre dans le sol pour l'aider à alimenter les plantes. On les divise en engrais minéraux, engrais végétaux, engrais animaux, et engrais mixtes.

70. Nous nous sommes occupés des engrais minéraux en parlant des amendements ; en effet, nous avons dit que la chaux, la marne, le plâtre, les cendres, la suie, etc., changent la nature du sol et cèdent une partie de leur substance aux plantes ; nous n'y reviendrons donc pas.

71. Les engrais végétaux sont ceux qui proviennent exclusivement des plantes, tels sont les engrais verts, les débris de récoltes, les tourteaux, les marcs, etc.

72. Les engrais verts sont des plantes qu'on cultive pour les enfouir dans le sol avant leur maturité. Toute plante restituée à la terre avant d'avoir porté graine, augmente sa fertilité, parce qu'elle n'a pas puisé sa nourriture seulement dans le sol, mais aussi dans l'atmosphère (l'air qui nous environne).

73. L'engrais qui provient des plantes enfouies

est froid et humide ; il convient surtout aux terres sèches et chaudes ; il rend de grands services quand on manque de fumier, au début d'une exploitation surtout, quand les champs sont éloignés de la ferme ou qu'il est difficile d'y arriver avec des voitures. Les cultivateurs qui n'ont jamais trop de fumier, devraient recourir souvent à ce moyen facile et économique d'engraisser leurs terres.

74. On doit, pour cet usage, choisir des plantes qui n'épuisent pas la terre, c'est-à-dire qui aient peu de racines et beaucoup de feuilles, qui poussent très-vite, afin de ne pas occuper le sol trop long-temps, qui ne coûtent pas cher de semence. On emploie généralement le sarrasin, la navette, le colza, le trèfle et le lupin.

75. Il est avantageux de laisser sur le champ les débris de récolte, afin de rendre en partie à la terre ce qui lui a été enlevé ; c'est donc à tort que l'on fait brûler les fanes de colza, de pommes de terre et celles des autres plantes, car la cendre qui en provient ne renferme qu'une portion des substances enlevées au sol.

76. Au nombre des engrais végétaux sont encore les marcs et les tourteaux. Les marcs qui ont fait le vin, les marcs de pommes et de poires ne doivent pas être perdus ; on les laisse fermenter à l'air, ou bien on les mélange à la chaux avant de les employer.

77. Les tourteaux (pains de colza, de chenevis, de lin) sont le résidu des graines dont on a retiré l'huile. On les écrase, et on les répand sur le sol ou sur les plantes déjà en végétation, mais c'est une fumure d'un prix élevé.

78. On entend par engrais animaux, tous les débris qui proviennent des animaux : le sang, les os, la laine, les plumes, la corne, les peaux, etc.

79. Le sang provenant des animaux abattus pour la boucherie, et employé avec de la terre séchée au four, est un engrais très-puissant; les os, brûlés d'abord, puis écrasés et répandus en poudre, produisent d'excellents effets dans certains sols ; quelques cultivateurs en ont obtenu de très-bons résultats. Les chiffons de laine sont un excellent engrais, deux voitures et un quart vaudraient dix voitures de fumier ordinaire ; on les emploie surtout pour la vigne. Les plumes, la corne, les débris de peaux sont des substances précieuses qu'il importe de ne pas laisser perdre.

80. La chair des animaux morts peut être utilisée très-avantageusement ; pour cela, il faut la dépecer, enfouir les morceaux dans le fumier après les avoir saupoudrés de plâtre. La décomposition se fait ainsi rapidement et sans perte.

81. Le noir animal, provenant des os calcinés dans des vases bien fermés et exposés à une grande chaleur, puis pulvérisés sous des meules, produit de très-bons effets surtout sur les défrichements. Le noir animal provenant des raffineries, renferme ordinairement un peu de sang, aussi forme-t-il un bon engrais. Il ne doit pas être employé dans les terrains calcaires ou chaulés.

82. Il existe plusieurs engrais très-précieux que les cultivateurs de nos campagnes du Bourbonnais laissent perdre et qui leur rendraient cependant de grands services ; en première ligne, il faut placer les matières fécales, c'est-à-dire les déjections tant solides que liquides de l'homme. C'est un des fumiers les plus puissants et qui est très-employé dans plusieurs parties de la France, en Alsace, en Flandre ; dans cette dernière contrée, on les mélange avec de l'eau dans des fosses mûrées, et après les avoir laissé fermenter, on les emploie ; c'est ce qu'on appelle Engrais flamand.

83. L'agriculture perd des sommes considérables en négligeant cet engrais. On doit vaincre, à cause de l'utilité qu'on en peut retirer, la répugnance qu'on éprouve à l'employer soit fermenté, soit frais,

au sortir des fosses d'aisance. Il est, du reste, facile de désinfecter ces matières ; il suffit, pour cela, de faire dissoudre dans l'eau du sulfate de fer (vulgairement couperose verte) et de verser ce liquide dans les fosses.

84. Pour fabriquer la poudrette qui provient des matières fécales desséchées, on perd la plus grande partie de la substance fertilisante.

85. Il est encore un autre engrais que l'on néglige dans nos campagnes du département de l'Allier, c'est le purin, c'est-à-dire le jus des fumiers et l'urine des animaux. Lorsque les urines sont absorbées par les litières, elles sont employées le plus utilement, mais souvent elles ne le sont pas entièrement, le jus du fumier n'est pas recueilli, et on laisse aux eaux pluviales le soin d'emporter ces liquides dans les prairies voisines. Il s'en perd beaucoup, et le cultivateur en agissant ainsi fait comme s'il pratiquait un trou à sa poche pour perdre son argent. Coupés avec de l'eau et fermentés, ils produisent d'excellents effets lorsqu'ils sont répandus sur les prairies ou sur les récoltes qui demandent à être poussées vigoureusement dans leur végétation.

86. Personne n'ignore quelle est l'énergie de la colombine ; on désigne sous ce nom les déjections des pigeons et des volailles de la basse-cour. Ce fumier doit être répandu avec précaution à cause de sa force.

87. A la colombine doit être assimilé l'engrais connu sous le nom de guano, il provient des déjections et des corps décomposés des oiseaux de mer, accumulées depuis des siècles sur des rochers.

88. Le parcage consiste à grouper un certain nombre de moutons sur un terrain, entre des cloisons mobiles, de façon à les obliger de déposer leurs déjections sur place.

Le crottin et l'urine du mouton constituent un engrais environ trois fois plus puissant, à volume égal, que le fumier de ferme; mais il dure peu, on ne s'en sert que pour les cultures annuelles.

Cette manière de fumer a pour avantage d'éviter les frais de transport et de tasser les sols légers. Il importe d'enfouir les déjections le plus promptement possible.

89. On peut obtenir un parcage avec des porcs ou des bêtes à cornes; mais il faut étendre les matières; sans cette précaution, elles ne profiteraient qu'à une seule place.

90. Les engrais mixtes sont le produit de matières animales et végétales; en un mot, c'est le mélange des excréments solides et liquides des animaux avec les litières. Généralement on se sert pour litières des pailles des céréales, mais on peut employer pour cet usage les feuilles d'arbres, la fougère, la bruyère, la mousse, les joncs, et lorsqu'on manque de ces matières, la terre elle-même.

91. Le fumier de cheval est le plus chaud de tous, et celui qui se décompose le plus vite ; il convient aux terrains froids et argileux. Le fumier de mouton, presque aussi chaud que celui de cheval, convient également aux terres argileuses.

92. Le fumier des bêtes à cornes est plus froid, plus aqueux, (c'est-à-dire qu'il renferme de l'eau en plus grande quantité), moins énergique, mais plus durable que les précédents ; il convient davantage aux terres légères et chaudes. Le fumier des porcs bien nourris est bon également, malgré les préjugés contraires ; mais il est convenable de le mélanger aux autres fumiers de la ferme.

93. L'engrais mixte, ou fumier d'étable est le plus précieux de tous et remplace tous les autres, engrais ; il mérite donc les plus grands soins de la part du cultivateur, car comme l'a dit un habile agriculteur : « A petit fumier, petit grenier ». « Ce n'est pas ce qu'on sème, c'est ce qu'on fume qui réussit ». « Sème moins et fume mieux ».

94. Dans le département de l'Allier, les fumiers

sont généralement négligés ; ils sont mis sans précaution en tas exposés au soleil et à la pluie, et ils
éprouvent ainsi des pertes considérables ; voici les
soins indispensables qu'ils demandent : il faut les
placer en tas au sortir de l'écurie, sur un terrain
légèrement en pente et garni de terre glaise , afin
que le purin ne se perde pas et qu'il se rende dans
un tonneau enfoncé en terre ou dans un trou revêtu
de terre glaise et couvert de planches. Ce purin sert
à arroser de temps en temps le fumier, pour que la
fermentation s'opère convenablement, qu'il ne s'é-
chauffe pas trop, et surtout qu'il ne devienne pas
blanc, car alors il perd presque toutes ses qualités,
et c'est ce qui arrive facilement pour le fumier de
mouton et celui de cheval. Une méthode avantageuse est de couvrir de plâtre, ou d'arroser d'une
solution de sulfate de fer le fumier lorsqu'on le sort
des étables.

95. Le tas de fumier ne doit pas être exposé
au soleil qui le dessèche et en pompe les sucs ; il
serait convenable de le placer sous un hangard ou
sous un abri fait avec des branches d'arbres, des
genêts, etc. ; la pluie lui est également nuisible
parce qu'elle le lave.

96. Quelques cultivateurs portent sur les champs
leurs fumiers, alors qu'ils sont longs, frais, et pail-

leux, c'est-à-dire au sortir de l'étable ; cela n'est pas toujours possible et ne convient pas à toutes les terres. Mais il est très-désavantageux aussi de l'employer comme on le fait généralement quand il est court et gras, et même à l'état de beurre noir ; car alors il a perdu les trois quarts de ses qualités, et le long séjour qu'il fait en petits tas sur les champs, exposé au soleil et à la pluie, lui est extraordinairement nuisible ; il devrait être répandu et enterré de suite.

97. Les composts (terrées) qui sont des mélanges de terres, d'engrais, d'herbes décomposées, ne doivent pas être négligés; chacun peut en faire comme il l'entend et y employer tous les débris qui se perdraient sans utilité.

98. Comme on vient de le voir, d'après ce que nous avons dit sur les diverses espèces de fumiers, tout est utile, et le cultivateur soigneux recueille tout ce qui peut lui procurer des engrais, c'est ainsi qu'il augmente considérablement la masse de ses fumiers. En est-il ainsi dans la plupart des exploitation du Bourbonnais? Combien de matières précieuses se perdent au détriment de la propreté, de la santé et de la culture! Le désordre qui règne dans les cours des fermes dénote l'incurie des cultivateurs; le purin forme des mares dont on ne tire aucun parti , et qui engendrent journellement des fièvres; les déjections des habitants, éparses de tous côtés, offensent la vue, blessent l'odorat et se perdent sans profit , tandis qu'il serait facile d'établir une fosse où se rendraient toutes les pesonnes de la ferme. Les eaux de savon et de lessive, celles qui ont servi à laver la vaisselle du ménage, quand on ne les donne pas aux porcs, sont journellement abandonnées, et cependant elles sont riches en substances nutritives; jetées sur le fumier ou sur les composts elles les enrichissent.

99. C'est par ces moyens que le cultivateur laborieux et intelligent profite des ressources que Dieu met chaque jour à sa disposition. N'est-il pas, en effet, soutenu et encouragé dans ses efforts ? Ne doit-il pas être pénétré de la plus vive reconnaissance pour les bienfaits dont il est comblé chaque jour ? Quelle est la profession où l'intervention de Dieu se manifeste aussi constamment qu'en agriculture ? La terre travaille pour l'homme, elle produit des récoltes qu'il peut vendre cher, alors que ce qu'il y met lui coûte bon marché. Les plantes elles-mêmes ont été créées pour travailler à son profit. Elles sont sans cesse occupées à transformer en belles récoltes les rebuts de ses écuries ou les immondices des villes.

Il y a là, pour vous, jeunes gens, bien des motifs de réfléchir sérieusement.

Questions résumant la deuxième partie.

§ I.

1° Quelles fonctions remplit le sol à l'égard des plantes ? Tous les sols les remplissent-ils convenablement ? (45).

2° Quel est le but des amendements ? Quelles substances emploie-t-on suivant la nature du sol ? (46).

3° Les irrigations et le drainage sont-ils des amendements ? (47).

4° La chaux et la marne sont-elles, à proprement parler, des amendements ? (48).

5° Existe-t-il plusieurs espèces de chaux ? (49).

6° Quelles sont les diverses méthodes en usage pour répandre la chaux ? (50, 51).

7° Quel inconvénient y a-t-il à enfouir la chaux en même temps que la semence ? (52).

8° Sur quelles terres, dans le département de l'Allier, la chaux produit-elle de bons effets ? (53, 54).

9° Est-il nécessaire de fumer en chaulant ? (55).

10° Qu'est-ce que la marne et à quels caractères la reconnaît-on ? (56).

11° Quelles sont les diverses variétés de marne, et à quelles terres conviennent-elles ? (57).

12° A quelle époque marne-t-on, et faut-il fumer en marnant ? (58, 59).

13° Quelles sont les autres substances qui produisent des effets analogues à ceux de la marne et de la chaux ? (60, 61, 62, 63, 64, 65, 66).

§ II.

14° Pourquoi doit-on mettre des engrais sur les terres ? (67, 68).

15° Que faut-il entendre par engrais, et comment les divise-t-on ? (69).

16° Quelles sont les diverses espèces d'engrais végétaux ? (71).

17° Sur quel principe repose l'application des engrais verts ? (72).

18° Quelle est la nature des engrais verts, à quels sols conviennent-ils, et quelles conditions doivent remplir les plantes semées pour cet usage ? (72, 73, 74).

19° Faut-il laisser sur le champ les débris des récoltes, et pourquoi ? (75).

20° Qu'entend-t-on par marcs et tourteaux, et comment faut-il les employer ? (76, 77).

21° Que faut-il entendre par engrais animaux, et quels sont ceux dont on fait usage ? (78, 79).

22° Comment peut-on utiliser la chair des animaux morts ? (80).

23° Qu'est-ce que le noir animal, et sur quels sols peut-on l'employer ? (81).

24° Que faut-il entendre par matières fécales ? Comment peut-on les utiliser ? (82, 83).

25° Qu'est-ce que la poudrette ? (84).

26° Qu'est-ce que le purin ? Comment peut-on le recueillir et l'employer ? (85).

27° Quelle est la puissance de la colombine et du guano ? (86, 87).

28° Qu'est-ce que le parcage ? Quels sont ses avantages ? Quels animaux peut-on faire parquer ? (88, 89).

29° Qu'appelle-t-on engrais mixtes ? (90).

30° Quelles sont les qualités des diverses espèces de fumiers mixtes ? (91, 92).

31° Le fumier mixte est-il précieux ? (93).

32° Quels sont les soins à donner au fumier ? (94, 95).

33° Faut-il employer le fumier frais ou à l'état de beurre ? Quel inconvénient résulte-t-il de son séjour sur la terre en petits tas ? (96).

34° Comment se font les composts ? (97).

35° Quelle est la conduite du cultivateur soigneux et intelligent, à l'égard des fumiers et des débris de toute nature de sa ferme ? (98, 99).

TROISIÈME PARTIE.

—

PRÉPARATION DU SOL PAR LA CULTURE , ENSEMENCE-
MENT, TRAVAUX D'ENTRETIEN, COUPE ET CONSERVA-
TION DES RÉCOLTES , MACHINES ET INSTRUMENTS
EMPLOYÉS EN AGRICULTURE.

—

§ Ier.

Préparation du sol par la culture. — Labours. — Araire.—
Charrue. — Bêche. — Houe, etc.

100. Avant de confier la semence à la terre, il
faut faire subir à celle-ci une préparation, la re-
muer, en un mot la labourer.

101. Labourer, c'est pénétrer dans le sol avec
un instrument pour le couper et le retourner en
ramenant la partie supérieure au fond et la partie
inférieure à la surface, afin qu'elle soit exposée à
son tour aux influences atmosphériques, à la chaleur, à la gelée, à la pluie et au soleil.

102. Le but de cette opération est de détruire
les mauvaises herbes, d'ameublir le sol, de le
mélanger au besoin avec le sous-sol, de permettre aux racines des plantes de s'étendre à leur

aise, enfin d'enfouir, quand il y a lieu, les engrais et les amendements.

103. Le nombre des labours varie suivant le but que l'on se propose, les terres auxquelles ils sont donnés, et les récoltes après lesquelles ils le sont. Généralement, dans le département de l'Allier, on fait trois labours avant les céréales, car dans beaucoup d'exploitations elles ne sont semées qu'après une jachère ; on ne peut donner ces trois façons si la céréale est répandue sur un trèfle retourné ou sur une récolte enfouie en vert.

104. On comprend sous le nom de jachère la série de préparations qu'on fait subir à la terre laissée alors improductive, pour la disposer à recevoir des récoltes. Le but de la jachère étant de faire reposer la terre et de ne point permettre aux mauvaises herbes de se multiplier, c'est à tort que quelques cultivateurs ne rompent pas de suite le sol, afin de conserver une pâture.

105. Les labours s'effectuent soit à bras avec la bêche, la fourche, la pioche, la houe, soit avec la charrue.

Le travail fait avec la bêche est le plus parfait, mais il est plus long et plus coûteux.

La fourche est employée dans les terres argileuses qui sont ordinairement dures et compactes, et dans lesquelles la bêche ne peut fonctionner facilement.

106. La pioche et la houe (vulgairement nommée *mare* dans le département de l'Allier), servent dans les défrichements ; mais avec ces instruments, le travail est dispendieux ; aussi ne les emploie-t-on que dans la culture de petite ou de moyenne étendue ; en grande culture on a recours à l'araire et à la charrue.

107. L'araire est l'instrument simple, non perfectionné, employé encore dans un grand nombre de localités du département de l'Allier ; quelques cultivateurs s'en servent pour les 2° et 3° labours, prétendant qu'ils mettent ainsi à nu le chiendent plus facilement qu'avec la charrue. Il rend des services dans les terres légères, il sert à recouvrir la semence, et fait l'office de rayonneur pour préparer les ensemencements.

108. La charrue est l'araire perfectionné ; elle se compose des pièces suivantes : 1° le coutre, espèce de couteau destiné à couper perpendiculairement la bande de terre qui doit être renversée ; 2° le soc, qui détache horizontalement la bande de terre et commence à la soulever lorsque la charrue est bien construite ; 3° le versoir, partie importante de la charrue, soulevant et renversant, après l'avoir fait tourner sur elle-même, la bande de terre coupée par le coutre et le soc ; 4° le sep, base de la charrue, glissant au fond du sillon en l'appuyant contre la terre non labourée ; 5° l'âge, haie ou flèche : on nomme ainsi la pièce de bois au moyen de laquelle les animaux impriment le mouvement à la charrue ; 6° les étançons, supports en bois ou en fer, unissant le sep à l'âge ; 7° les mancherons, pièces de bois à l'aide desquelles le laboureur dirige la charrue ; 8° le régulateur, destiné à faire varier, suivant le point où on attache sa chaîne, la profondeur des labours et la largeur des tranches.

109. Les différentes pièces que nous venons de nommer composent l'araire perfectionné, auquel on donne généralement le nom de charrue, quoiqu'il convienne plus exactement à l'instrument muni d'un avant-train, monté sur deux roues.

110. Suivant les localités, on se sert de la charrue à avant-train ou sans avant-train. Avec la première, il est facile de maintenir la position de l'araire et de régler convenablement la profondeur des labours, surtout dans les terres fortes et profondes ; un ouvrier peu habile fait avec cet instrument un bon labour ; mais l'avant-train augmente le tirage.

111. La charrue sans avant-train est plus légère,

coûte moins cher , obéit plus à la main qui sait la diriger , laboure plus près des arbres et des haies , mais exige plus d'habileté de la part du laboureur.

112. La perfection du labour dépend non seulement de la charrue, mais encore de la direction que lui imprime l'ouvrier qui doit régler sa pénétration dans le sol en même temps qu'il guide l'attelage composé de chevaux ou de bêtes à cornes.

Aussi, pour bien labourer, il faut savoir : 1° régler la charrue afin de lui donner l'entrure que l'on désire obtenir , selon le genre de récolte auquel le sol est destiné ; 2° tracer des lignes parfaitement droites ; 3° observer une épaisseur égale dans les tranches coupées par la charrue ; 4° veiller à ce que les tranches soient renversées l'une sur l'autre avec uniformité et de manière à ne former aucune inégalité sur le sol ; 5° diriger la marche de la charrue à une profondeur égale , afin de ne pas augmenter la résistance ; 6° faire attention à ce que le soc et le versoir vident le sillon sans que la terre y retombe après le passage de l'instrument.

113. On distingue deux sortes de labours : le labour à plat, et le labour en ados, formant des planches ou billons.

114. Le labour à plat conserve sur toute la surface une égale épaisseur de couche arable, que les instruments travaillent partout à la même profondeur. La répartition du fumier s'y effectue aussi parfaitement que possible, et, par suite, les plantes y végètent uniformément ; la semence se distribue également partout. La destruction des mauvaises herbes peut s'y pratiquer à l'aide du hersage. Les opérations du fauchage, du fanage et de la rentrée des récoltes s'y accomplissent avec moins de difficultés que lorsque le terrain a été labouré en billons.

115. Le labour à plat ne convient point dans les terres humides ; il en sera autrement lorsque le drainage y aura été pratiqué. Il a le grave inconvénient d'occasionner une perte de temps considérable par suite des allées et venues d'une extrémité à l'autre du champ, à moins que l'on ne se serve d'une charrue spéciale munie de deux versoirs qui fonctionnent alternativement, ou d'un seul versoir mobile qu'on tourne tantôt d'un côté, tantôt de l'autre à chaque tour.

116. Pour éviter la perte de temps, on divise en planches le terrain à labourer. La planche varie de largeur, elle peut avoir, entre les deux rigoles, depuis deux jusqu'à plusieurs mètres, suivant la nature du terrain ; mais, dans tous les cas, on adosse les sillons, la moitié dans un sens et l'autre moitié dans un sens opposé.

117. Le billon est usité pour les terres humides et pour celles dont la couche arable a très-peu d'épaisseur, et repose sur un sous-sol de mauvaise nature. La terre végétale se trouvant accumulée sur une partie de la surface du champ, on obtient ainsi des produits qu'on n'aurait pas sans cette forme de labour. Néanmoins la végétation n'est pas la même partout, elle prospère au sommet du billon et languit sur les côtés où les plantes sont exposées à souffrir de l'humidité. L'engrais est réparti inégalement, et les divers travaux que nécessitent la culture et la récolte sont moins faciles que lorsque le labour est à plat.

118. Dans une grande partie du Bourbonnais, le labour se fait par billons isolés les uns des autres et très-étroits; ils sont formés seulement par deux sillons adossés l'un à l'autre. Ce mode de culture est surtout usité dans les sols légers qui ont peu de profondeur et où l'on emploie généralement l'araire commun. Les avantages et les inconvénients signalés pour les planches se présentent, à plus forte raison, dans cette disposition des labours.

119. Il est vrai néanmoins qu'on rassemble ainsi

sur un plus petit espace le peu de fumier que l'on a malheureusement l'habitude de répandre sur le sol. Mais cette pratique est d'autant plus vicieuse que l'on n'obtient pas plus de produits que si on semait moitié moins en fumant deux fois plus, et qu'on augmente considérablement le travail.

120. La largeur de la bande qu'on doit prendre en labourant dépend de la nature du sol et du résultat qu'on veut atteindre. Plus le sol est argileux, plus les bandes doivent être étroites ; il en est de même lorsque le labour est profond.

121. Les labours sont, en effet, profonds ou superficiels ; leur profondeur est déterminée par diverses considérations ; elle varie nécessairement suivant es différentes espèces de végétaux qu'on veut cultiver et d'après la constitution du sol. Néanmoins, les labours profonds sont toujours préférables, à moins qu'on ne touche à un sous-sol ingrat qui, ramené à la partie supérieure, lui serait nuisible. Le premier labour doit toujours être plus profond que les autres.

122. Il y a deux manières de donner à la couche arable plus de profondeur. La première consiste à ramener peu à peu une couche mince du sous-sol à la surface, pour l'exposer aux influences atmosphériques. Par le second, on défonce en une seule opération le sol à une grande profondeur ; mais il faut alors, pour donner à la terre défoncée les qualités de la couche arable, y répandre beaucoup de fumier, et encore doit-on s'attendre à une diminution des produits pendant quelques années.

123. On défonce encore le sous-sol en donnant un coup de bêche dans le sillon formé par la charrue, ou en faisant suivre celle-ci d'une seconde charrue, appelée charrue sous-sol, charrue fouilleuse, qui fouille le terrain sans le retourner. Plus tard, on mélange peu à peu la partie défoncée à la partie supérieure.

§ II.

Herse.— Rouleau.— Extirpateur.— Travaux d'entretien.— Houe à cheval et Buttoir. — Conservation des instruments.

124. Avec la charrue dont nous venons de faire connaître l'utilité, une herse et un rouleau suffisent pour faire une excellente culture, et la plupart des cultivateurs ne peuvent point en avoir d'autres, ou n'ont même que les deux premières.

125. Il y a des herses légères et des herses pesantes. Les premières sont le plus souvent à dents de bois ; elles suffisent aux travaux des terres sablonneuses ou peu compactes ; les secondes, à dents de fer, sont indispensables sur les sols argileux et tenaces.

126. Dans les herses modernes les plus perfectionnées, les dents ont la forme de coutres ; cette disposition présente, entre autres avantages, celui de permettre de faire des hersages profonds ou des hersages légers. Pour obtenir le plus fort degré d'entrure, on fait tirer la herse dans le sens de l'inclinaison des dents ; en tirant dans le sens opposé, les dents pénètrent moins dans le sol.

127. La forme des herses varie beaucoup ; les unes sont triangulaires, d'autres carrées, quelques-unes sont articulées, c'est-à-dire formées de deux parties réunies par deux charnières ; elles servent à herser les planches, ados, etc. ; mais dans toutes, les dents doivent être placées sur les châssis qui les supportent, de manière à ce que chacune fasse sa raie particulière sans entrer dans le tracé d'une autre, et que toutes les raies soient à égale distance les unes des autres. La herse carrée est attachée de façon à marcher de biais.

128. Le hersage, dont le but est de briser les mottes, d'unir la surface du sol, d'enlever les mauvaises herbes, de mélanger certains engrais à la terre, ou d'enfouir les semences, doit être appliqué à propos. Dans les terres légères, le moment favorable pour herser ne présente guère de difficultés ; il n'en est pas de même dans les terres fortes. Si le sol argileux est trop humide, le hersage fait souvent plus de mal que de bien , surtout si l'on a affaire à un sol argilo-siliceux sujet à se battre. Il faut savoir saisir le moment où la terre , ni trop sèche, ni trop humide, se laisse facilement attaquer par la herse.

129. Le rouleau est un instrument en bois , en pierre ou en fonte , qui a pour but de briser les mottes dans les terres fortes. Pour cela', on passe le rouleau après le labour ; et on le fait suivre de la herse ; ces trois opérations doivent se succéder en peu de temps. Le rouleau donne de la consistance aux terres légères et y retient la fraîcheur. On roule aussi au printemps pour rechausser les céréales soulevées par la gelée. Cette opération serait donc très-utile sur de nombreux terrains du département de l'Allier , après les gelées de printemps.

130. Outre les trois instruments indispensables qui ont été l'objet des explications précédentes , les agriculteurs éclairés en emploient quelques autres pour remplacer le travail à la main toujours long et coûteux. Ce sont : l'extirpateur, instrument formé de plusieurs socs, qui coupe entre deux terres les plantes qu'il rencontre, et remue le sol à une certaine profondeur sans le retourner ; le scarificateur, qui déchire et divise la terre à la manière des dents de la herse ou du coutre de la charrue.

131. D'autres, comme la houe à main, la houe à cheval et le buttoir servent aux cultures d'entretien. On désigne par ce nom les préparations que l'on donne au sol pendant que les plantes qu'on cultive y sont en végétation, Les plus importantes sont les sarclages, les binages et les buttages. Sarcler, c'est détruire les mauvaises herbes qui croissent parmi les plantes cultivées. Les sarclages s'opèrent à la main avec la houe ordinaire, (mare) alors que la terre conserve assez de fraîcheur pour que les herbes soient aisément arrachées.

132. Si les sarclages ont pour but de purger la terre des mauvaises herbes, les binages servent à ameublir la superficie du sol ; ces deux opérations sont même souvent confondues.

133. Les binages se font avec la houe à main, ou plus économiquement avec la houe à cheval, lorsque les plantes sont en ligne et à une distance déterminée. Cet instrument agit à l'aide de socs et de couteaux.

134. On procède au buttage avec la houe à main, ou à l'aide du buttoir. Cette opération consiste à accumuler de la terre meuble au pied des plantes parvenues à un certain degré de végétation.

Par là elles reçoivent une plus grande quantité de principes nutritifs et conservent plus de fraîcheur.

135. Le buttoir est un araire muni d'un double soc et d'un double versoir dont les ailes peuvent s'écarter ou se rapprocher à volonté. On butte ordinairement après avoir ameubli la terre par un binage.

136. Quel que soit le nombre des instruments que possède un cultivateur, il fera bien pour les conserver de les couvrir d'une couche de peinture, ou même de les frotter seulement avec un chiffon de linge imbibé d'huile siccative chaude. En séchant en quelques jours, cette huile forme un vernis sur le bois et sur le fer, et, pénétrant le bois, elle l'empêche de se fendre et le préserve de l'action de la pluie et du soleil tout aussi bien que la peinture. On doit employer pour cet usage l'huile de noix ou l'huile de lin qui) sont siccatives, c'est-à-dire qui sèchent facilement.

§ III.

Ensemencements. — Semoir. — Transplantation. — Repiquage.

137. Lorsque le terrain a été préparé avec les instruments que nous avons décrits, et à l'époque convenable, il s'agit de semer, c'est-à-dire de répandre plus ou moins uniformément les grains qui doivent se transformer en végétaux.

138. Les semailles se font à la volée, sous raies, en lignes ou en rayons. Dans les semailles à la volée, le grain est répandu à la main, et, pour les faire convenablement, le semeur doit marcher dans le sens du vent, afin que l'air non-seulement ne s'oppose pas au jet du grain, mais encore l'enlève et aide à le disséminer. Dans un semis bien fait, la semence est également répandue et répartie en quantité déterminée pour une étendue donnée. Il faut pour cela une habileté que la pratique seule peut faire acquérir. Le grain est ensuite recouvert par un coup de herse ou mieux de scarificateur.

139. Les semailles sous raies sont faites à la volée sur une terre préparée. On enterre ensuite à l'aide d'un léger labour, c'est ce qui se pratique dans beaucoup de localités du Bourbonnais. Ce procédé est bon ; les blés d'hiver semés sous raies viennent très-bien ; mais il demande beaucoup de temps et a pour inconvénient d'enfouir trop profondément une partie de la semence qui lève mal, ou ne lève pas du tout.

140. Les semailles en ligne ou en rayons s'exécutent à la main, en répandant le grain dans le sillon, ou au moyen d'un semoir. Cet instrument assez compliqué dépose les grains à une distance voulue et en quantités égales calculées d'avance. Par cette méthode on économise la semence; le grain est recouvert instantanément, et on peut plus tard, sarcler, soit à la main, soit avec des instruments à cheval. C'est donc surtout les graines des plantes qui, comme la betterave, la carotte, ont besoin d'être sarclées et binées, que l'on doit répandre avec le semoir.

141. Il est des plantes qui ne se perpétuent pas en culture par graine, mais par plants de tubercules, comme les pommes de terre et les topinambours; d'autres n'achèvent pas leur végétation au lieu même où elles l'ont commencée; en effet, il y a parfois utilité à semer en pépinière et à transplanter, repiquer.

142. Les transplantations ou repiquages s'effectuent à la charrue, à la houe à main, à la bêche, au plantoir. Avec la charrue, le travail est moins parfait, mais plus rapide et moins cher. On donne un labour ordinaire; des femmes et des enfants suivent la charrue et déposent les tubercules ou les plantes dans le sillon; la charrue les couvre au tour suivant.

143. Quand on se sert de la houe (mare), de la

bèche ou du plantoir, on peut, avant l'opération, faire passer un rayonneur. Cet instrument consiste en un chassis de bois monté sur roues et garni de dents qui tracent des raies sur le sol et dont on peut faire varier à volonté l'écartement. On trace ainsi des raies en long et en large, et l'ouvrier plante à chaque rencontre des lignes.

§ IV.

Travaux de récolte. — Fauchaison. —Faulx. — Faucheuse. — Faneuse. — Moisson. — Faucille. — Sape-flamande. Moissonneuse. — Arrachage des racines.

144. Nous avons fait connaître les instruments qui servent aux diverses opérations que réclame le sol, soit avant l'ensemencement, soit au moment des semailles, soit pendant le cours de la végétation des plantes; il nous reste à décrire rapidement ceux qui servent aux travaux des récoltes, quelques unes des machines introduites récemment dans les fermes, et enfin les instruments de transport.

145. Les travaux de récolte sont la fauchaison et la fenaison des fourrages ; la moisson comprenant la coupe, le liage et la rentrée des céréales, enfin l'arrachage des racines. Ces travaux ont une si grande importance que nous croyons utile de la faire ressortir par quelques réflexions.

146. La récolte est le but et la récompense du labeur du cultivateur, encore un effort et il va recueillir le fruit de toute une année de sollicitude et de peines. Un bon choix d'ouvriers en nombre suffisant pour la tâche qu'ils auront à remplir, une habile distribution du temps et des travaux, l'opportunité des opérations, leur bonne et rapide exécution, une surveillance sans relâche, sont les meilleurs moyens de dominer les circonstances qui parfois contrarient la récolte et empêchent de la faire rapidement et économiquement. Mais rien ici ne supplée l'expérience d'un praticien actif et consommé dans son art ; son coup-d'œil exercé, son sang-froid, sa diligence à saisir l'instant le plus favorable pour telle ou telle opération, son habitude du commandement, la justesse de ses combinaisons sont autant de qualités pour lesquelles un apprentissage pratique est absolument nécessaire.

147. La fauchaison s'opère presque exclusivement avec la faulx. Cet instrument est connu de tout le monde et ne demande que de la pratique pour être manié convenablement.

On affile le tranchant de la faulx en la battant au marteau sur une enclume particulière. On rencontre souvent des lames défectueuses, dans lesquelles l'acier est irrégulièrement réparti. On reconnaît les

endroits mous ou durs, en faisant passer avec précaution sur le tranchant une petite lime douce. On
les marque, et on a soin en battant de mouiller à
l'eau froide les places molles, tandis qu'on bat les
places dures à sec; on se sert aussi de la pierre
pour aiguiser la faulx et abattre le morfil produit
par le battage.

148. Le fanage se fait avec la fourche, et on
emploie le râteau en bois pour recueillir les feuilles
et les tiges de foin. Tels sont les instruments dont
on se sert habituellement; mais dans les grandes exploitations, on a recours pour ces diverses
opérations à des machines mues par des animaux :
c'est ainsi qu'on commence à introduire en France
des machines appelées *Faucheuses* qui, traînées
par des chevaux, peuvent facilement couper un
demi hectare de foin à l'heure; la *Faneuse* à cheval qui remplace au moins dix faneurs; et enfin, le
Rateau à cheval, qui ramasse ce qui est resté çà et
là après que le fourrage a été rassemblé.

149. La récolte des céréales, plus communément
nommée moisson, est, dans tous les pays, la plus
importante des récoltes. On se sert pour moissonner de trois instruments distincts, la *faucille*, la
faulx et la *sape*.

150. La faucille à lame courbe, finement dentée

en scie, coupe le chaume par une espèce de frotte-ment, de là l'expression *scier les blés*. Dans le département de l'Allier, cet instrument n'est pas généralement denté, et on le nomme vulgairement volant. Il est tranchant, s'aiguise avec la pierre et se bat comme la faulx avec une enclume portative. Avec la faucille et le volant, le moissonneur est dans une position génante et fatigante, car il travaille courbé et il laisse sur pied un chaume fort long. Néanmoins, ce moyen de couper les blés per-met d'employer les femmes et les vieillards à la moisson.

151. La faulx usitée pour moissonner les céréa-les est ordinairement accompagnée de crochets, sorte de chassis destiné à retenir les tiges coupées, et à aider le faucheur à les rassembler. Les seigles et le froment se fauchent en dedans, c'est-à-dire qu'au lieu de laisser le blé debout à sa droite comme lorsqu'il fauche le foin, l'orge ou l'avoine, l'ouvrier l'a à sa gauche et appuie contre les tiges non coupées celles qu'il abat ; comme il est suivi d'une femme ou d'un enfant, le blé est mis en ja-velle par cette personne.

La faulx est le plus rapide de tous les instruments, mais il faut deux personnes, le faucheur et la ra-masseuse. Elle coupe le blé plus bas que la faucille, mais elle ébranle le grain et pénètre mal dans les blés versés.

152. La *sape flamande* est une sorte de petite faulx munie d'un manche court. L'ouvrier la tient de la main droite, tandis que de la gauche il est armé d'un crochet qui sert à saisir les tiges qu'il veut couper. Comme il coupe et fait les javelles en même temps, la partie délicate de l'opération est de bien déposer en javelles les tiges coupées et ramenées sur le genoux gauche. Avec la sape, les blés versés et mêlés sont très-aisément abattus, et la coupe des chaumes est faite assez bas. Un sapeur peut abattre de 40 à 50 ares par jour de moisson ; mais il faut à la sape des terres point caillouteuses, des blés assez fournis et un peu longs ; son crochet n'aurait pas de prise sur les tiges trop courtes et rares des moissons maigres. Il faut des hommes robustes pour manier cet instrument.

153. Dans certaines contrées, spécialement dans l'Amérique du Nord, on a introduit depuis quelques années l'usage des *machines à moissonner* mues par des chevaux ou des bœufs. Ces machines ont pour base une rangée de ciseaux qui coupent les chaumes au niveau du sol à mesure que la machine avance ; ordinairement les céréales sont reçues sur un plancher placé à l'arrière de la machine, et mises en javelles et rangées à terre par les femmes qui accompagnent les conducteurs de la *moissonneuse*; quelques-unes de ces machines ont été introduites en France.

154. L'arrachage des racines se fait d'ordinaire à la main avec la bêche, la fourche ou la houe, et c'est le procédé le plus parfait quand les plantes sont irrégulièrement placées; mais on peut aussi se servir du buttoir ou d'une charrue sans versoir, quand les racines ont été plantées en lignes; on obtient ainsi rapidité d'exécution, économie de main-d'œuvre et labour de la terre.

§ V.

Instruments et machines servant à préparer les aliments des animaux, à battre, à nettoyer le grain et à transporter les récoltes et les fumiers. — Hache-paille. — Coupe-racines. — Machine à battre. — Tarare. — Charriot. — Charrette. Tombereau.

155. Outre les instruments qui ont été l'objet des explications précédentes, il en est qui servent à préparer les aliments des animaux, à battre et à nettoyer les grains, tels sont le hache-paille, le coupe-racines, la machine à battre, le tarare.

156. Le hache-paille consiste essentiellement dans un mécanisme peu compliqué mis en action

par un volant monté sur un chassis de bois , auquel
est adapté une auge en bois ouverte à l'une de ses
extrémités. La paille, ou tout autre fourrage qu'il
s'agit de hâcher , est placée dans l'auge et poussée
vers son extrémité ouverte , à mesure que l'instrument fonctionne. Une lame bien affilée, qui s'élève
et s'abaisse tour à tour, coupe à la longueur désirée
la partie du fourrage qui dépasse l'ouverture de
l'auge.

157. La pièce principale du coupe-racines est un
cylindre court , armé de plusieurs lames très-tran-
chantes , monté sur un chassis de bois comme le
hache-paille , et tournant au moyen d'un volant et
d'une manivelle. Ce cylindre est surmonté d'une
trémie qui reçoit les racines à couper. On emploie
également le coupe-racines à disques.

158. On détache les grains de leurs épis à l'aide
du fléau , par les pieds des animaux , par des rou-
leaux, ou bien au moyen de machines.

159. Les deux moyens en usage dans le département de l'Allier sont le fléau et les machines.

Le battage au fléau est pénible ; il est aussi fort
dispendieux par suite du petit nombre de gerbes
qu'un ouvrier peut battre dans un jour, et de la
quantité de grain qu'il laisse dans les épis. Néanmoins, il présente le double avantage de conserver

la paille intacte et de permettre d'occuper les ouvriers pendant la mauvaise saison.

160. Les machines sont mues à bras par des hommes, ou plus généralement par des bœufs, des chevaux, la vapeur et l'eau.

Celles-ci réunissent toutes les conditions pour un battage prompt et économique ; elles permettent de choisir la saison et le temps le plus favorable pour opérer le battage ; elles laissent très-peu de grain dans les épis, elles expédient beaucoup d'ouvrage en très-peu de temps.

161. Le grain battu doit subir une préparation préliminaire, celle du nettoiement, avant d'être mis en magasin.

Cette opération s'opère dans les petites exploitations au moyen d'un *van* au-dessus duquel l'air est agité par le coup de main de l'ouvrier. Dans les exploitations importantes, on a recours au tarare. Cet instrument produit une ventilation très-énergique à l'aide de laquelle il chasse les corps légers par une ouverture supérieure, tandis que le grain tombe sur une trémie, éprouvant un mouvement continu de va-et-vient, et s'entasse sous la machine.

162. Lorsqu'on veut se procurer une semence pure de toute mauvaise graine, il faut encore compléter l'action du tarare par celle du crible, ou mieux encore par celle d'un instrument appelé *tricur*.

163. L'agriculture fait usage d'instruments qui lui sont propres pour le transport des fumiers de la ferme aux champs, des récoltes des champs à la ferme, et des divers produits du sol au marché.

Les trois principaux instruments de transport à l'usage de l'agriculture sont : le charriot, la charrette, le tombereau.

164. Le charriot diffère de la charrette en ce qu'il est monté sur quatre roues, deux plus grandes derrière, et deux plus petites pardevant. Suivant les localités il peut être utile de l'employer au lieu de la charrette.

165. La charrette est montée sur une seule paire de roues, et le plus souvent terminée en avant par un brancard double lorsqu'on se sert de chevaux ; quelquefois les deux brancards sont remplacés par un timon simple, de chaque côté duquel deux chevaux sont attelés de front. Cette disposition existe toujours lorsqu'on emploie des bœufs au lieu de chevaux.

166. Le tombereau est une charrette dont les brancards ou le timon sont disposés comme nous venons de le dire, les côtés sont fermés par des planches, celle de la partie postérieure s'enlève à volonté. Il convient de réunir la caisse du tombereau aux brancards ou au timon par une charnière qui lui permette de la faire basculer en arrière pour déposer la charge à terre sans dételer.

Questions résumant la troisième partie.

§ 1er.

1° Quelle préparation faut-il faire subir à la terre avant de l'ensemencer ? (100)

2° Qu'est-ce que labourer ? (101)

3° Quel est le but des labours et combien doit-on en faire avant les semailles ? (102, 103)

4° Qu'entend-on par jachère ? (104)

5° Quels sont les instruments employés pour effectuer les labours, et quels sont les avantages et les inconvénients qu'ils présentent ? (105, 106)

6° Qu'est-ce que l'araire ? (107)

7° Qu'est-ce que la charrue et en faire connaître les diverses parties ? (108)

8° Quelle différence y a-t-il entre la charrue à avant-train et la charrue sans avant-train ? Les services qu'elles rendent sont-ils les mêmes ? (109, 110, 111).

9° Quelles conditions doit remplir celui qui dirige la charrue pour obtenir un bon labour ? (112)

10° Quest-ce que le labour à plat ? Quels sont ses avantages et ses inconvénicnts ? A quelles terres ne peut-il pas s'appliquer ? (114, 115)

11° Pourquoi a-t-on recours au labour en planches ou billons ? Présente-t-il des inconvénients ? (116, 117)

12° La manière de labourer dans les terres légères du Bourbonnais est - elle avantageuse ? (118, 119)

13° Les labours ont-ils toujours la même largeur et la même profondeur ? (120, 121)

14° Comment augmente-t-on l'épaisseur de la couche arable ? Qu'est-ce que la charrue fouilleuse ? (122, 123)

§ 2.

15° Existe-t-il plusieurs espèces de herses? ? Quelle doit être la forme des dents ? (125, 126, 127)

16° Quels sont les effets des hersages, et peut-on en tout temps herser toutes les terres ? (128)

17° Qu'est-ce que le rouleau et quelle est son utilité ? (129)

18° A quoi servent l'extirpateur et le scarificateur? (130)

19. Quels sont les instruments employés dans les cultures d'entretien ? (131)

20º Qu'entend-on par sarclage et binage ? (132, 133)

21º Qu'est-ce que le buttage, et avec quels instruments se fait-il ? (134, 135)

22º Quel est le moyen de conservation que l'on doit employer pour les instruments ? (136)

§ 3.

23º Que faut-il entendre par semailles ? Quelles sont les différentes manières de les faire ? Quels sont leurs avantages et leurs inconvénients ? (137, 138, 139)

24º Comment sème-t-on en ligne, et à quelle espèce de grains s'applique surtout cette méthode ? (140)

25º Est-ce toujours par graines que les plantes se reproduisent ? (141)

26º Comment se font les repiquages et transplantations ? (142, 143)

§ IV.

27º N'emploie-t-on pas en agriculture d'autres instruments que ceux qui servent à la préparation du sol et aux semailles ? (144)

28º Quelle est l'importance des travaux qu'exige

la récolte ? Quelles qualités doit posséder le cultivateur pour les conduire à bien ? (145, 146)

29° Avec quel instrument fait-on la coupe des foins et quels soins exige-t-il ? (147)

30° Quels sont les instruments et les machines employés pour opérer le fanage? (148)

31° Emploie-t-on plusieurs instruments pour faire la moisson ? (149)

32° Qu'est-ce que la faucille? quels soins exige-t-elle ? est-elle avantageuse? (150)

33° La faulx doit-elle être préférée à la faucille ? (151)

34° Qu'est-ce que la sape flamande? quels avantages présente-t-elle ? (152)

35° Qu'appelle-t-on moissonneuse? (153)

36° Comment procède-t-on à l'arrachage des racines ? (154)

§ V.

37° Quels sont les instruments qui servent à préparer les aliments des animaux? (155, 156, 157)

38° Comment sépare-t-on les grains de leurs épis ? (158)

39° Quels sont les avantages et les inconvénients du battage au fléau ou à la machine à battre ? (159, 160)

40° Comment nettoie-t-on le grain? (161)

41° Quelle est l'utilité du crible et du trieur? (162)

42° Quels sont les trois principaux instruments qui servent, en agriculture, au transport des fumiers et des récoltes ? (163, 164, 165, 166)

QUATRIÈME PARTIE.

—

CULTURE DES PLANTES.

—

§ Ier.

Considérations sur les phénomènes de la végétation.

167. Nous nous sommes occupés jusqu'ici du sol, de ses qualités, des engrais, des amendements, des labours, des instruments aratoires servant à donner différentes façons à la terre , enfin, des machines employées en agriculture ; nous allons maintenant étudier rapidement les diverses plantes que l'on cultive ou que l'on pourrait fructueusement cultiver dans le Bourbonnais. Cependant, avant d'aborder cette matière, nous voulons entrer dans quelques considérations suggérées par le sujet que nous traitons.

168. Toute plante provient d'une graine ou d'un bourgeon qui, placé dans des conditions déterminées, naît, croît, se développe, fructifie et reproduit le végétal dont il est issu.

Tous ces phénomènes, tous ces mystères s'accomplissent chaque jour sous nos yeux. Qui donc pourrait rester indifférent en leur présence? L'esprit le moins observateur, le moins enthousiaste doit être frappé d'admiration, et vous, jeunes gens dont le cœur est ouvert à toutes les bonnes aspirations, à tous les bons sentiments, jetez les yeux sur ce qui vous environne, voyez la main de Dieu s'étendant partout, et prosternez-vous devant sa sagesse! Voyez quels admirables tableaux se déroulent devant vous tous les ans! A chaque pas, à chaque heure de votre existence, le souverain Maître du monde multiplie les prodiges; son admirable prévoyance et sa bonté infinie amènent tout à son heure : la semence, mise en terre, germe sous l'action de la chaleur et de l'humidité; la germination opérée, la plante enfonce ses racines dans le sol, sa tige au contraire s'élance hors de terre, cherche l'air et la lumière, se couvre de feuilles à l'aide desquelles elle s'empare des principes fertilisants de l'atmosphère; plus tard les organes reproducteurs paraissent, la graine se développe, se perfectionne de plus en plus; vient enfin le terme de sa mâturité : le végétal est alors en état de continuer son espèce par sa propre semence.

Pour tant de bienfaits, enfants, ne devez-vous pas adresser à Dieu bien dès actions de grâces? Priez donc et travaillez, et Dieu bénira vos travaux,

et vos champs se couvriront de moissons abou-
dantes, surtout si vous agissez avec discernement
et si vous faites un choix judicieux des plantes dont
nous allons parler.

§ 2.

Céréales. — Blé. — Épeautre.— Seigle.— Orge.—Avoine.
— Maïs. — Sarrasin.

169. Toutes les plantes dont s'occupe l'agriculture peuvent être rangées sous les dénominations
suivantes : les céréales, les légumes farineux, les
récoltes racines, les plantes industrielles ou commerciales, enfin les récoltes fourragères.

170. Les céréales comprennent les plantes auxquelles l'homme emprunte presque partout sa nourriture principale, comme le blé, l'épeautre, le sei-
gle, l'orge, l'avoine, le maïs, et, par extension, le
sarrasin. La plupart d'entre elles talent, c'est-à-dire
que leurs nœuds inférieurs émettent de nouvelles
racines d'où sortent de nouvelles tiges.

171. Les céréales viennent dans la plupart des
terrains et sous des climats très-divers (des régions
froides, chaudes, etc). On les nomme céréales
d'automne lorsqu'elles peuvent être semées avant
l'hiver, et céréales de printemps si elles ne peuvent l'être qu'après les rigueurs de cette saison.

172. Les alternatives de gelée et de dégel déchaussent souvent les céréales ; il faut alors avoir recours au rouleau. Elles sont aussi exposées à verser ; la verse est due à plusieurs causes agissant simultanément ou séparément : une semaille trop épaisse, des labours trop superficiels, une forte fumure donnée avant l'ensemencement, y contribuent ordinairement. Il faut donc éviter de semer trop épais, de fumer directement la céréale, mais donner des labours profonds.

173. Les blés se divisent en deux genres entièrement différents : 1° les froments, dans lesquels le grain se détache nettement de l'épi par le battage ; 2° les épeautres dont la balle reste adhérente (attachée) au grain et ne s'en sépare que très-difficilement. L'épeautre prospère dans les sols où le froment ne viendrait pas.

174. On distingue les froments en blés tendres et en blés durs. Dans les premiers, la cassure du grain est blanche et farineuse ; ils sont préférés par les boulangers ; dans les seconds, la cassure a l'apparence de la corne ; ils se conservent plus longtemps et servent à la confection des pâtes, (vermicelle, etc.)

175. Les blés sont barbus ou sans barbes. Les blés barbus sont plus robustes, et leurs barbes les défendent des attaques des oiseaux ; mais ces barbes sont une difficulté pour faire consommer les pailles par les animaux.

176. Les blés de mars, que l'on sème au printemps, rendent moins en paille, en grain et en farine que ceux d'hiver, semés en automne ; mais ils occupent les terres qui n'avaient pas été préparées assez tôt.

177. Le froment craint les extrêmes du chaud et du froid ; il appartient essentiellement aux climats tempérés. Il se plaît dans les terres argilo-calcaires fraîches et n'exige pas beaucoup de profondeur du sol , mais il le veut propre et ameubli. Il faut de 200 à 250 litres, par hectare, de semence bien criblée ou même mieux nettoyée à la main, la quantité dépendant de l'état du sol , de sa richesse et de la variété du blé qu'on cultive. Ces mêmes circonstances et le climat , c'est-à-dire l'état de la température (du temps vulgairement) font varier l'époque des semailles.

178. Les variétés de blé qui sont le plus estimées et qu'on peut semer dans le Bourbonnais sont, parmi les blés rouges, le Racot, grênant beaucoup, le Saint-Lô , qui paraît cependant assez sujet à la carie, le kent ou blé d'Ecosse , produisant beaucoup, le froment de Noë, précoce, produisant beaucoup, mais s'égrenant facilement , doit pour cela être coupé sous vert ; parmi les froments jaunes ou blancs , le Bazin ou Duménil d'un excellent produit. Dans les terres qui craignent la verse, comme aussi lorsque le blé est destiné à la fabrication des pâtes, on sème la variété dite froment de Sainte-Hélène, à cassure glacée.

179. Le blé est sujet à la carie et à la rouille. On ne connaît point encore de remède contre cette dernière maladie , mais on préserve les blés de la carie (charbon vulgairement)par le sulfatage. Cette opération consiste à faire fondre deux kilogrammes de sulfate de soude dans 20 litres d'eau, ou bien encore à faire bouillir pendant une heure, dix litres de cendres de bois dans trente litres d'eau ; à tremper la semence dans la lessive ou dans la dissolution de sulfate de soude, et à l'étendre ensuite sur un terrain uni, à répandre immédiatement dessus de la chaux vive, et retourner promptement avec une pelle, de telle sorte que tous les grains soient bien couverts de chaux. On sème dans la journée le grain ainsi préparé le matin.

Les grains qui surnagent, en les plongeant dans la lessive, doivent être enlevés. Un moyen plus efficace encore, mais qui doit être employé avec précaution, c'est, pour un hectolitre de blé, de faire dissoudre dans deux litres d'eau bouillante 250 grammes de sulfate de cuivre et d'en imprégner la semence.

180. D'après la consistance du sol, on enterre la semence tantôt avec la herse, tantôt avec le scarificateur, quelquefois aussi, dans les terres légères, ou l'enfouit sous raie par un léger trait de charrue ou d'araire.

181. Aussitôt après les semailles de froment, on doit tirer les rigoles d'écoulement, afin que l'eau ne séjourne pas dans le champ, et pendant la végétation de la plante, il n'y a qu'à donner un hersage au printemps, si le sol est argileux, ou à passer le rouleau si la terre a été soulevée par la gelée. Le hersage détruit une partie des mauvaises herbes, mais pour en débarrasser le champ d'une manière complète, il faut recourir au sarclage à la main. Cette façon est avantageusement suivie d'un second hersage. Si l'excès de végétation fait craindre la verse, on peut retrancher avec la faulx ou la faucille la sommité des tiges sans entamer le cœur de la plante.

182. La maturité du blé s'annonce par la couleur jaune de la plante et par l'inclinaison de l'épi sur la tige. S'il est destiné au commerce, il convient de le couper alors que le grain n'étant plus laiteux, la farine s'écrase comme une pâte sous la pression des doigts , car la maturité s'achève aussi [bien par terre, et surtout en moyettes, que debout si le temps est sec ; le blé acquiert ainsi plus de? qualité , la farine en est plus blanche , [le son moins abondant, la paille plus nourrissante, et il n'est pas exposé à s'égrener. On ne doit récolter à sa parfaite maturité que le grain destiné à servir de semence.

183. La moisson s'opère à l'aide des instruments dont nous avons parlé au chapitre précédent, et lors même qu'elle a lieu par un beau temps , le blé a toujours besoin de se ressuyer et de rester quelque temps sur le sol avant d'être lié , afin que les mauvaises herbes qui peuvent se trouver dans la javelle se fanent. Cependant , lorsque le temps est beau , et à plus forte raison s'il est pluvieux , on ne doit pas laisser trop longtemps le blé en javelle sur le sol : le grain peut moisir et germer ; il vaut mieux le mettre en moyettes. Voici comment on procède à cette opération : On place une gerbe debout, autour de laquelle on appuie quatre gerbes en leur donnant un peu de pied , puis on remplit les intervalles au moyen de quatre autres gerbes qui complètent le cercle renfermant la gerbe centrale. Une dixième gerbe liée au pied et renversée sur le tout sert de chapeau.

Cette moyette a pour inconvénient d'exiger la confection immédiate des gerbes ; tandis que les moyettes à javelles pouvant être faites en tout temps et dans quelque état que se trouve le blé, sec ou humide, propre ou rempli d'herbes, permettent au blé de sécher doucement et d'achever sa maturité. Voici en quoi consiste cette moyette : On place des javelles presque droites ou plutôt appuyées les unes contre les autres, à peu près comme les gerbes dans la moyette précédente. On fait ainsi un cône d'environ 1 ^{m} 50 de diamètre à sa base, et on recouvre le tout d'un chapeau formé d'une gerbe renversé.

Mais afin de faciliter le placement des javelles, beaucoup plus difficile que celui des gerbes, on a un piquet d'environ 1 ^{m} 30 de longueur, pointu par le bas, percé vers la tête de deux trous transversaux placés l'un au-dessous de l'autre et se croisant. On passe dans chaque trou une baguette de 1 ^{m} 20 de longueur, ce qui forme un croisillon horizontal dans les angles duquel on place des javelles, en ayant soin de leur donner plus de pied à mesure qu'on s'éloigne du centre. Quand c'est fini, on tire les deux baguettes, on enlève le piquet et on place le chapeau.

184. Lorsque le blé est suffisamment sec, on engrange et on met en meule. Chez nos voisins les

Anglais, tout est mis en meule, de cette façon on n'a pas besoin de bâtiments d'un prix élevé et d'un entretien coûteux.

185. L'épeautre se cultivant comme le froment, nous ne nous y arrêtons pas et passons immédiatement au seigle, céréale qui, jusqu'à ce jour, a occupé une si grande surface dans les terres arables du département de l'Allier, car c'est encore le seigle que l'on sème dans toutes les terres légères et même dans les terres argileuses et autres qui n'ont pas été amendées par la chaux ou la marne. De jour en jour la culture du froment s'étend et restreint celle du seigle.

186. Le seigle est donc la céréale des terres pauvres et légères ; sa paille est belle, haute et forte ; elle est très-utile pour faire les liens ; mais le grain de cette céréale est plus petit, et le pain qu'on en fait moins nutritif que celui du froment. D'ailleurs dans les bonnes terres le froment produit davantage.

187. Il supporte mieux le froid que le froment ; mais il craint l'humidité. Il veut une terre ameublie, et ne réussit jamais mieux que sur un vieux labour et lorsque la semaille a eu lieu de bonne heure et par un temps sec. On l'enterre peu profondément parce qu'il pourrit très-aisément. La quantité de

qu'à la nourriture des animaux, cependant, dans certaines localités, on emploie la farine qui en provient à préparer un potage au lait. Elle est la plus rustique de toutes les céréales ; elle s'accommode, en effet, de tous les sols, pourvu qu'ils ne soient pas trop secs, car elle redoute la sécheresse prolongée ; elle réussit sur les défrichements et les marais desséchés.

197. Il y a des variétés que l'on sème en automne, d'autres au printemps ; les unes sont blanches, les autres noires. Il faut de trois à quatre hectolitres de semence par hectare, on l'enterre de février en mars, soit avec la herse, soit avec l'araire. Il est bon de donner un coup de herse pour détruire les mauvaises herbes s'il en apparaît.

198. Le maïs ou blé de Turquie n'est point cultivé en grande culture dans le Bourbonnais, il l'est exceptionnellement en petite culture Dans le Midi de la France, au contraire, on en sème beaucoup ; c'est qu'en effet il lui faut une grande chaleur pour mûrir. Il sert à la nourriture de l'homme et des animaux. On le sème en avril ou en mai sur une terre bien préparée et bien fumée, en lignes espacées de manière à pouvoir le sarcler, le biner et le butter. Cette dernière opération doit même être faite deux fois ; elle favorise le dévelo pement des racines snpérieures et fortifie la tige contre les coups de vent. On supprime les tiges secondaires qui poussent au pied; elles forment un bon fourrage. On peut aussi, la floraison achevée, retrancher les cimes et les donner au bétail; les feuilles qui entourent l'épi sont une excellente nourriture pour les animaux et remplacent très-avantageusement la paille de seigle pour les paillasses de lit.

Les variétés de maïs sont : 1º le gros maïs jaune; 2º le gros maïs blanc; 5º le maïs quarantain, et 4º le maïs à bec ou à poulets; ces deux dernières espèces mûrissent en peu de temps.

199. Le sarrasin ou blé noir est, avec le seigle, la plante par excellence pour les terrains légers et pauvres; il a, en outre, la propriété de nettoyer le sol mieux que toute autre plante et de croître promptement; mais il redoute la sécheresse, les vents secs, la gelée blanche et la pluie pendant la floraison. Les semailles ont lieu quand les gelées de printemps ne sont plus à craindre; on sème dans la proportion de 80 à 100 litres par hectare; un léger hersage suffit pour l'enterrer.

200. La maturité du sarrasin s'effectue très-inégalement, aussi le récolte-t-on alors même qu'il existe des fleurs au sommet de la tige et des grains peu formés au milieu. Il sert à la nourriture de l'homme et des animaux. On l'emploie aussi comme fourrage vert et engrais vert.

20I. Dans certaines parties de la France on cultive encore le millet et le sorgho. Leur culture est la même que celle du maïs.

§ III.

Légumes farineux. — Fèves. — Pois. — Haricots. — Lentilles.

202. Les légumes farineux qui ont une grande importance pour l'homme sont les fèves, les pois, les haricots, les lentilles.

203. Les fèves réussissent dans les terres à froment, dans les sols tenaces qu'elles contribuent à ameublir. A la fin de février et en mars, on les sème en lignes sur une terre fumée et bien préparée avant l'hiver. Elles reçoivent un binage, et lorsque les gousses inférieures commencent à se former on écime (on enlève la pointe) soit à la main soit à la faulx ou à la faucille. L'écimage arrête la croissance et fait refluer la sève vers les gousses inférieures. Quand la plus grande partie des gousses est devenue noire, on coupe les tiges et on les fait sécher.

Il y a deux espèces de fèves, la fève de marais et la fève de cheval ou féverolle; celle-ci est plus

spécialement destinée à la nourriture du [bétail.
Dans certaines localités du Bourbonnais on la
cultive en grand , et les tiges servent à chauffer le
four.

204. Dans le Bourbonnais, les pois sont peu
cultivés en grande culture pour la nourriture de
l'homme. Ils demandent un terrain riche , plutôt
sec qu'humide.

205. Les haricots ne sont cultivés que dans la
petite et la moyenne culture. Il en existe une foule
de variétés : il y a des haricots blancs, des haricots
rouges, des haricots de diverses couleurs. Les uns,
comme le haricot de Soissons , veulent des rames ,
les autres n'en exigent pas. En plein champ on
donne généralement la préférence à ces derniers.
Le haricot flageolet nain est la meilleure des espèces.

206. La préparation du sol pour la culture des
haricots est la même que pour celle des céréales.
Ils ne sont pas exigeants quant à la qualité du sol,
ils viennent à peu près dans toutes les terres cul-
tivables amendées avec la chaux ou les cendres
lessivées ; les terres fortes , les terres compactes
sont celles qui leur conviennent le moins; mais leur
culture demande beaucoup d'engrais. Ce qui reste
en terre de la fumûre sert à une semaille de céréale

d'hiver qui réussit très-bien, du reste, après les haricots comme après toutes les légumineuses.

207. Les plantes doivent être placées à 5 ou 6 centimètres les unes des autres, les lignes laissant entre elles un intervalle de 40 à 50 centimètres.

Les semailles s'effectuent lorsqu'on n'a plus à craindre les gelées tardives.

208. Les haricots reçoivent ordinairement deux binages dans le cours de leur végétation ; le premier se donne quand les premières feuilles commencent à se développer.

209. Lorsque la maturité est arrivée on arrache les haricots à la main, on les place sur le sol, la tête en bas et les racines en haut ; on les laisse ainsi exposés pendant plusieurs jours à l'air et on les rentre.

210. Les lentilles se cultivent dans les petites exploitations ; on en connaît deux variétés, la lentille à gros grains et celle à petits grains. La première est la plus estimée. Elles exigent le même sol et les mêmes soins que le haricot. On les sème par touffes.

§ IV.

Récoltes-racines. — Pomme de terre. — Topinambour. — Bette-rave. — Carotte. — Rave. — Chou-rave.

211. Les racines alimentaires ont une bien grande importance en agriculture. Elles fournissent une abondante nourriture aux hommes et aux animaux, et préparent admirablement la terre pour les semences de céréales. Elles doivent donc attirer d'une manière toute particulière l'attention du cultivateur. Les principales racines alimentaires sont la pomme de terre, le topinambour, la bette-rave, la carotte, la rave, le rutabaga ou chou-rave.

212. Il existe une foule de variétés de pommes de terre, partagées néanmoins en deux séries, dont l'une comprend les pommes de terre précoces, l'autre les pommes de terre tardives. Dans le département de l'Allier on sème la pomme de terre précoce et, pour l'arrière saison, la pomme de terre jaune (dite panachère dans certaines localités), la blanche et la rouge ou violette.

213. On reproduit la pomme de terre soit de graine soit de bouture, soit en plantant des tubercules ; ce dernier mode est à peu près le seul employé, parce qu'il est le plus économique. On choi-

sit pour planter les tubercules moyens ; les petits ,
ordinairement moins mûrs , diminueraient le rendement , et les gros augmenteraient les frais. On
peut les couper en morceaux , pourvu que chacun
d'eux porte deux germes ; mais le tubercule entier est toujours préférable. On plante en mars , en
avril et jusqu'en mai ; quelques cultivateurs plantent même dès l'automne les variétés hâtives.

214. La pemme de terre ne veut pas être enfouie
profondément , aussi.quelques personnes la placent
en quelque sorte à la surface du sol en la recou-
vrant d'un peu de terre qu'elles amoncèlent ensuite
au pied de la plante, formant ainsi un buttage.
D'autres les plantent à la charrue ou avec la houe
à main. Il faut de 18 a 20 hectolitres par hectare de
plants espacés de 30 à 35 centimètres au moins.

215. Les pommes de terre doivent être binées et
buttées ; plus elles sont travaillées plus elles produisent , surtout si le sol a été profondément labouré et bien fumé. On butte avec la houe à main,
avec la houe à cheval ou avec l'araire.

216. L'arrachage se fait avec une charrue à large
soc , et encore mieux avec la bêche ou la houe à
main. On choisit pour cette opération un beau
temps , car les pommes de terre sont sujettes à
pourrir dès qu'elles sont humides ; comme aussi il

ne faut pas attendre trop tard de peur des gelées qu'elles craignent extrêmement.

217. La maladie qui depuis tant [d'années faisait de si terribles ravages tend à disparaître. Cependant, pour éviter de voir les produits atteints du mal, il convient de planter des pommes de terre bien formées et de ne pas les ramener trop souvent sur le même terrain. Il est à remarquer que les pommes de terre précoces que l'on plante de bonne heure et que l'on arrache pendant les chaleurs, n'ont pas été atteintes de la maladie régnante, pendant les années qui viennent de s'écouler, et se sont conservées saines.

218. Le topinambour peut servir à la nourriture des hommes et des animaux, quoiqu'il ait le goût moins délicat que la pomme de terre. Il a l'avantage de ne pas geler, de s'accommoder de tous les terrains et de donner de bonnes récoltes pendant longtemps sur le même sol. Ses tiges et ses feuilles, coupées en septembre, servent de fourrage; récoltées sèches, les feuilles peuvent encore être employées au même usage; les tiges sont utilisées à faire du feu.

Il exige les mêmes travaux d'entretien que la pomme de terre : on l'arrache à mesure des besoins, car il ne craint pas les gelées; il se reproduit de lui-même , et pour nettoyer le sol , il faut lâcher es porcs dans le champ ou faire succéder au topinambour un fourrage qui sera coupé plusieurs fois.

219. Le topinambour est une plante précieuse que l'on ne cultive pas assez ; elle ne redoute que l'humidité et résiste à la sécheresse et aux gelées. Il donne d'assez bons produits dans les sols où il ne viendrait pas autre chose.

220. La bette-rave sert à l'alimentation des animaux et à la fabrication du sucre et de l'alcool. Comme nourriture du bétail elle est d'une grande ressource pour l'hiver.

On connaît trois variétés principales de bette-rave : 1° la bette-rave champêtre ou disette qui sort presque entièrement de terre , moins estimée que les autres ;

2° La globe jaune , plus riche en matière nutritive que la précédente ;

3° La bette-rave blanche de Silésie, cultivée pour la fabrication du sucre.

Il faut à la bette-rave un terrain riche , net, meuble , fumé et labouré profondément. On sème en avril , en lignes espacées de 50 à 60 centimètres ; on bine dès que la plante a levé , on éclaircit à la main , enfin on bine chaque fois qu'il est nécessaire. La bette-rave craint la gelée. Rentrée par un temps sec, elle se conserve jusqu'en mai, soit en grange, soit en cave, soit en silos.

221. La carotte est la meilleure des racines pour le bétail, mais sa culture demande beaucoup de soins et ne réussit pas toujours ; cependant elle ne craint pas la gelée comme la bette-rave, et peut être cultivée en récolte principale ou en récolte dérobée, c'est-à-dire obtenue entre deux autres, de sorte que l'on a trois récoltes en deux ans. Dans ce dernier cas, on la sème dans une céréale ou dans un colza, et on la travaille lorsque la céréale est enlevée. La carotte exige les mêmes soins que la bette-rave, mais elle ne veut pas un terrain pierreux, ni une fumure récente, car elle se divise en un grand nombre de racines qui nuisent à son rendement.

222. La rave, turneps des Anglais, est très-utile pour les animaux. Comme récolte principale on la sème en juin ou au commencement de juillet, comme récolte dérobée c'est en juillet et août, après la récolte des céréales. On peut la laisser en terre et la prendre à mesure des besoins.

223. La rave aime les sols légers. Le chou-rave ou rutabaga vient très-bien dans les sols argileux, compactes et humides. Il supporte la gelée, et ses feuilles comme ses racines sont une nourriture excellente pour le bétail. On sème en pépinière et on repique ensuite : cette plante exige des binages et même des buttages. Un insecte (l'altise) attaque les semis de choux-rave ; on les préserve en pressant la végétation ou en semant, quelques jours avant, un peu de sarrasin dans le terrain destiné au semis des rutabagas.

224. Telles sont les plantes-racines cultivées dans nos pays. Dans d'autres parties de la France on fait des essais pour introduire l'igname, plante qui produit des tubercules très-nourrissants.

225. La conservation des plantes-racines exigeant beaucoup d'espace, on les met ordinairement en silos. Dans un terrain sec, on creuse une fosse de 1 mètre 50 de longueur sur 0^m 30 environ de profondeur et d'une longueur indéterminée. On garnit de paille cette fosse et on y amoncelle les racines à 0^m 80 ou 1 mètre de hauteur au-dessus du niveau du sol, en donnant aux deux côtés une pente plus ou moins prononcée, suivant la hauteur du silo. On recouvre les racines avec de la paille ou des racines sèches, pardessus lesquelles on met la terre tirée de la fosse. On creuse autour de celle-ci une rigole plus profonde que la fosse pour l'écoulement des eaux. Enfin on ménage, de distance en distance, des ouvertures que l'on bouche pendant les grandes gelées avec de la paille, et qui permettent de surveiller les racines et d'établir des courants d'air lorsque la masse s'échauffe.

§ V.

Plantes industrielles. — Plantes oléagineuses. — Colza.— Navette. — Plantes textiles. — Lin. — Chanvre.

226. On ne cultive pas seulement des plantes destinées à l'alimentation de l'homme et des animaux ; il en est d'autres qui servent de matières premières dans les diverses industries, on les nomme pour cela plantes industrielles.

227. La culture de ces plantes donne de grands bénéfices, mais comme elles ne sont pas consommées dans la ferme et qu'elles fatiguent le sol, on ne doit les admettre qu'avec prudence pour ne pas épuiser le terrain.

De ce nombre sont les plantes oléagineuses, c'est-à-dire celles qui fournissent de l'huile, tels sont pour le Bourbonnais le colza et la navette (rabis, ravis.)

228. Le colza vient dans les terres de première qualité et même dans les sols légers mais un peu calcaires, pourvu qu'ils soient assainis, surtout bien fumés et préparés convenablement par des labours profonds. La semaille en ligne est préférable à la semaille à la volée. Dans le premier cas on sème en pépinière et on repique ensuite au plantoir o à la charrue, de manière à ce que le plant soit enterré jusqu'au collet.

229. Il est rare que l'on bine le colza avant le printemps; mais à cette époque il faut enlever les mauvaises herbes et biner avec soin.

230. La maturité du colza s'annonce par la couleur jaune que prennent les siliques (enveloppes de la graine). Il faut saisir avec soin le moment convenable pour le couper, car un coup de soleil pourrait occasionner la perte d'une grande quantité de graine. On met ordinairement en meule le colza coupé; là, sa maturité se perfectionne, et la graine devient plus riche en huile.

231. On bat presque toujours le colza en plein champ; il faut user de précautions pour le transporter, afin d'éviter les pertes; la charrette doit être garnie d'une toile, et c'est également sur une toile qu'il faut le battre. Rentrée au grenier, la graine est étendue en couche peu épaisse et demande à être souvent remuée.

232. On cultive deux variétés de colza, l'une de printemps et l'autre d'hiver; celle-ci est préférable sous tous les rapports.

233. La navette est cultivée dans les terrains

trop pauvres pour le colza. Il en existe deux variétés, l'une d'automne, l'autre de printemps. Les produits de cette plante sont bien inférieurs à ceux du colza.

234. Le colza et la navette fournissent de l'huile à brûler, les tourteaux qui en proviennent sont employés comme nourriture du bétail ou comme engrais. Dans le nord de la France on cultive aussi le pavot ou œillette, qui fournit de l'huile propre à l'alimentation de l'homme. Cette plante demande un sol riche, bien préparé et bien fumé.

235. Les autres plantes industrielles cultivées dans le département de l'Allier sont les plantes textiles, c'est-à dire celles dont les fibres servent à la confection des étoffes, des fils et des cordes ; tels sont le lin et le chanvre.

236. Le lin n'est admis qu'exceptionnellement dans les cultures de notre pays ; il lui faut un sol riche, profondément ameubli. On le sème avant l'hiver ou au printemps suivant les variétés, plus ou moins dru selon que l'on veut avoir de la filasse fine ou non. Il demande de nombreux sarclages à la main. Lorsqu'on désire obtenir une belle filasse on le récolte en juin, quand on tient à la graine on l'arrache un mois plus tard. La graine de lin est employée en médecine ; on en extrait de l'huile qui sert en peinture, et les tourteaux sont mangés par les animaux ou répandus comme engrais.

237. Le chanvre demande un sol substantiel, profond, riche et frais, préparé par plusieurs labours et abondamment fumé. On le sème lorsque les gelées ne sont plus à craindre. Il croît vite et étouffe facilement les mauvaises herbes. Il revient indéfiniment sur le même terrain, pourvu qu'on ait le soin de le bien préparer et de le fumer convenablement.

238. La récolte s'effectue généralement en deux fois. On commence par arracher les pieds mâles, vulgairement et par erreur appelés pieds femelles ; ce chanvre fournit la filasse la plus fine. Les pieds femelles, en revanche, ayant plus d'espace pour se développer, donnent des produits plus abondants; on les arrache quand la graine est suffisamment mûre. On met en botte, on fait sécher, et, après avoir battu, on procède au rouissage sur pré, ou plus généralement dans l'eau.

239. Dans le Midi, dans le Nord et dans l'Est de la France, on cultive d'autres plantes industrielles; telles sont la garance et la gaude dont on extrait des matières propres à la teinture ; le tabac dont l'usage est si répandu ; le houblon, dont les fruits servent à la préparation de la bière ; le cardère ou chardon à foulon, dont les têtes hérissées de piquants servent à carder les draps.

§ VI.

Récoltes fourragères. — Prairies naturelles. — Prairies artificielles. — Luzerne. — Trèfle. — Sainfoin. — Farouch ou trèfle incarnat. — Raygrass. — Vesce. — choux, etc.

240. « Si tu veux du blé, fais des prés. »

« La terre s'épuise par le blé et se repose avec le pré. »

« Le pré donne du fourrage, le fourrage nourrit le bétail, le bétail fait du fumier, le fumier produit le grain. »

Telle est la manière de s'exprimer d'un auteur que nous avons déjà cité, Jacques Pujault, pour faire ressortir l'utilité des prairies, formées des plantes fourragères, c'est-à-dire des plantes dont les tiges, les feuilles, les fleurs servent en vert ou en sec à la nourriture des animaux.

241. Il y a des prairies naturelles et des prairies artificielles.

La prairie naturelle est un engazonnement permanent et spontané, c'est-à-dire qui se fait de lui-même et reste toujours. Suivant que les prairies naturelles sont destinées à être pâturées ou fauchées, on les divise en pâturages ou en prés.

242. Les prairies naturelles ont pour avantages de donner un produit annuel sur lequel on peut presque toujours compter, et de permettre d'utiliser avantageusement : 1º Les sols en pentes rapides où la terre nue serait bientôt entraînée par les pluies ; 2º les terrains exposés à des inondations fréquentes ; 3º les sols bas et humides ; 4º certains terrains qui, par leur fraîcheur naturelle, même l'été, fournissent une herbe d'un rendement supérieur aux meilleures prairies artificielles ; 5º les terrains qu'on peut facilement arroser.

243. Les prairies sèches (sécherins en Bourbonnais) donnent ordinairement un foin d'une excellente qualité, mais ne fournissent qu'une seule coupe.

Les prairies fraîches, non marécageuses, et celles qui sont facilement irriguées sont les plus productives.

Les prairies marécageuses donnent un foin de médiocre qualité, dans lequel dominent les roseaux, les laiches et les joncs.

244. Quoiqu'une prairie naturelle puisse se former par un engazonnement spontané, ordinairement son établissement est le fait de l'homme. Pour former une bonne prairie, il importe de bien choisir

6

le terrain, de le préparer convenablement, et de semer non pas les déchets du fenil qui contiennent toujours des graines de mauvaises plantes, mais les graines des bonnes graminées auxquelles on ajoute des plantes fourragères de la famille des légumineuses.

245. Les espèces les plus estimées parmi les graminées sont l'avoine élevée, la houlque laineuse et molle, la fléole des prés, le paturin des prés, le vulpin des prés, l'agrostide traçante, le raygrass, le dactyle pelotonné, la flouve odorante ; parmi les légumineuses : le trèfle des prés, le trèfle blanc, la lupuline, le lotier.

246. Il est plus convenable de semer ces graines seules que de les mettre avec une céréale qui épuise le sol au détriment de la prairie. Les graines doivent être enterrées superficiellement ; le tassement du sol à l'aide du rouleau favorise la levée.

247. Les soins à donner à la prairie consistent à la tenir toujours bien nivelée, sans taupinière, sans eau stagnante, et nette de mauvaises herbes, à l'arroser en temps convenable, si l'on dispose d'un cours d'eau, à activer sa végétation par des engrais, et dans ce but on doit, toutes les fois que cela est possible, conduire sur les prés, par la direction donnée au labour, les eaux qui s'écoulent des terres, parce qu'elles entrainent avec elles une certaine quantité de fumier et de détritus de plantes. Le purin répandu sur les prés est un très-bon engrais. Il faut enfin faucher à propos la prairie.

248. L'époque à laquelle on doit récolter le foin exerce une grande influence sur la qualité du fourrage et sur l'appauvrissement du pré. Le moment le plus favorable pour faucher la prairie est celui où la plupart des plantes qui la composent sont en pleine fleur ; plus tard la graine est formée, les tiges sont dures et la prairie s'épuise. On doit couper le plus près de terre qu'on le peut. Si le temps est favorable, l'herbe coupée ne reste en andains que le matin, celle qui est fauchée dans l'après-midi n'est écartée que le lendemain après la rosée levée. Il faut avoir soin de ne jamais laisser l'herbe écartée la nuit, chaque soir on la met en meulons, petits d'abord, plus forts à mesure que la dessication s'opère ; l'herbe jette ainsi son feu et n'est plus exposée à fermenter. On peut ensuite rentrer le foin au grenier ou en former des meules qu'on laisse en plein air ; il se conserve très-bien ainsi s'il a été fortement tassé.

Si le temps est pluvieux on est exposé à perdre des fourrages ; pour remédier à cet inconvénient on a recours à la méthode Klappmeyer. Elle con-

siste à mettre le foin en grosse meule dès le lendemain du jour où il a été coupé, en le pressant fortement ; la fermentation s'y établit, et lorsque la
chaleur est telle qu'on ne peut plus y tenir la main,
on démonte rapidement la meule et l'on étend le
fourrage. Quelques heures de soleil ou même de
vent suffisent pour dessécher l'herbe qui a subi cette
fermentation.

249. Les prairies artificielles, toujours semées
par la main de l'homme, ne sont ordinairement
formées qu'avec une seule plante, ou avec deux ou
trois au plus, et ne doivent pas occuper le sol d'une
manière permanente.

250. Elles constituent des cultures essentiellement améliorantes ; la plupart des plantes employées
pour les former, loin d'épuiser le sol, augmente sa
fertilité par la propriété qu'elles ont de puiser dans
l'atmosphère la plus grande partie de leurs éléments
nutritifs, et par les nombreux débris qu'elles laissent
dans la terre.

251. Les principaux fourrages cultivés dans le
département de l'Allier comme prairies artificielles
sont : la luzerne, le trèfle, le sainfoin, la vesce, le
farouch ou trèfle incarnat, le raygrass, et dans
quelques autres départements, le pois, la lupeline
et l'ajonc ; on peut encore ranger à leur suite les

plantes semées comme fourrages verts ; les plus usitées sont : le maïs, le trèfle blanc, le chou cavalier, le moha, le seigle, l'orge et le sorgho.

252. La luzerne est un fourrage précieux ; elle se plaît dans tous les terrains, pourvu qu'ils soient labourés profondément et même défoncés et améliorés par de bonnes cultures et de bonnes fumures successives ; elle aime surtout les terres d'alluvions, celles qui ont un peu de calcaire, mais elle craint les sols argileux et tenaces, les sables purs. On la sème en automne dans le midi ; dans nos contrées du centre, c'est ordinairement au printemps et dans une orge. Il vaudrait mieux la semer seule, afin de ne pas épuiser le terrain par la récolte de la céréale. La terre a besoin d'être bien préparée et largement fumée pour que la luzerne puisse prendre un accroissement rapide. Il faut à peu près 20 kilog. de graines par hectare. Il est nécessaire de sarcler les jeunes luzernes pour enlever les herbes et leur donner des hersages. Chaque année, après chaque coupe, on fera bien de herser fortement ; les plantes étrangères sont ainsi arrachées et la luzerne n'en souffre pas du tout. Les fumures liquides ou les engrais consommés et le plâtre, donnés alternativement chaque année, la maintiennent en bon rapport.

253. La luzerne se fauche au moment où elle commence à fleurir. Pour la faire sécher on procède comme pour le foin. Elle peut être mangée en vert ; elle météorise (gonfle) les animaux, mais moins que le trèfle. Ses deux ennemis sont le rhizoctones, espèce de champignon qui attaque sa racine et entraîne la mort de la plante, et la cuscute, que l'on détruit en brûlant avec de la paille la place où elle paraît, et mieux en l'enlevant à la bêche aussitôt qu'on la voit paraître. Sa présence se reconnaît au dépérissement du trèfle et de la luzerne ; elle s'étend rapidement en cercle, en tiges rampantes et semblables à des fils.

254. Le trèfle est le premier des fourrages pour nos contrées ; son introduction a été un progrès bien remarquable. Il améliore d'autant plus la terre qu'il est plus vigoureux et que les mauvaises herbes ne l'ont point envahi.

Il aime les sols frais et se plaît par conséquent dans les terres argileuses en bon état d'ameublissement, de netteté et de fertilité, et il les améliore en les divisant. Dans le Bourbonnais, les terres argilo-siliceuses ne peuvent le recevoir et donner des produits satisfaisants qu'après avoir été amendées par la chaux ou la marne ; mais alors il vient bien et est une ressource précieuse pour le bétail.

255. On sème généralement le trèfle dans une céréale d'automne ou de printemps, et il importe beaucoup que la terre ne soit pas épuisée ou qu'elle ait été largement fumée. Il ne faut pas semer dans les récoltes d'automne si le sol est infesté de chiendent. La graine ne veut pas être enfouie profondément, un léger coup de herse ou seulement de rouleau suffit le plus souvent.

256. Pour obtenir un fort rendement il faut répandre, en hiver ou au printemps, de **2** à **4** hectolitres de plâtre par hectare et des engrais liquides même après chaque coupe. Un bon hersage au printemps ou après la première récolte est utile au trèfle. Mangé en vert, il météorise les animaux. On doit donc user de précautions afin d'éviter les accidents ; pour le ranger sec, on le coupe lorsque toutes les têtes sont en pleine fleur ; on le fait sécher en procédant comme pour la luzerne et le foin , en ayant soin de ne pas trop détacher les feuilles qui tombent facilement. La méthode Kläppmeyer s'applique avec succès à ce fourrage.

257. La graine de trèfle du commerce est souvent falsifiée ; il est donc utile de la récolter soi - même ; pour cela on réserve la deuxième coupe d'un trèfle bien venu, mais non trop vigoureux.

258. Le trèfle ne doit pas rester sur le sol plus

dans sa gousse (bourre) qu'autrement ; il en faut à peu près 100 à 150 kilog. par hectare. On le sème depuis le commencement d'août jusque dans le mois de septembre. Sa qualité principale est d'être précoce ; après l'avoir coupé on peut le remplacer par des haricots ; consommé en vert , il est mangé avec profit par les animaux ; sec , il ne constitue qu'un fort médiocre fourrage. Le raygrass peut également être semé avec avantage comme prairie artificielle. Il donne de bons résultats quand il est dans des conditions convenables.

261. Lorsque le trèfle n'a pas réussi , on peut semer comme fourrages supplémentaires la vesce et le pois gris en leur associant le seigle ou l'avoine. Ces plantes améliorent le sol lorsqu'on les récolte avant la maturité de leurs graines. La vesce , pour être consommée en vert , est coupée lorsqu'elle est en fleur ; pour être séchée, on attend le moment où la graine commence à se former. La fenaison de la vesce est lente, et la semence du pois est d'un prix élevé. Il y a deux variétés de vesces , l'une d'hiver, l'autre de printemps. La première a l'avantage de fournir un fourrage précoce , qu'on peut faire manger en vert à l'époque où les foins s'épuisent. Si l'on fume bien la vesce de printemps, on peut sans nouvelle fumure semer du froment après la récolte, et cet assolement est très-favorable à la production de cette céréale.

262. La lupuline ou minette dorée vient dans les terres calcaires et sablonneuses, là où le trèfle ne réussit pas ; mais pour obtenir un bon produit, il lui faut une ample fumure. On la sème au printemps dans une céréale. Elle ne donne qu'une seule coupe de bon fourrage ; pâturée, elle repousse sans cesse sous la dent du bétail.

263. L'ajouc, qui prospère dans les sols argilo-siliceux humides et sur les terrains granitiques, est très-cultivé en Bretagne ; on l'emploie comme fourrage, et après l'avoir laissé fermenter en tas, comme engrais.

264. Les choux cavaliers et les choux branchus se plaisent dans les terres fortes ; ils exigent un sol riche, meuble et profond. Semés d'abord en pé-pinière, ils sont ensuite repiqués ; ils exigent des binages répétés et même un buttage. Le produit en feuilles d'un hectare de choux bien réussi est consi-dérable.

265. Le maïs, considéré comme plante fourra-gère, est une ressource précieuse ; le maïs blanc mérite la préférence, mais il épuise plus le sol que le maïs jaune. Le semis en ligne est préférable au semis à la volée , parce qu'on peut lui donner des façons qui le font prospérer.

266. Le trèfle blanc réussit sous le climat et dans tous les sols où prospère le trèfle des prés ; il vient aussi cependant dans des terres moins consistantes , et forme une nourriture de premier choix pour les vaches laitières. Mais il ne fournit qu'un fourrage peu abondant ; il est bon de l'associer aux graminées, au raygrass par exemple.

267. Le moha vient dans les terrains fortement siliceux, dans les sols de landes , mais il ne montre tout ce qu'il peut que dans un sol riche ou une terre bien fumée. On le fauche pour être donné en vert quand les têtes sont sorties ; c'est un bon fourrage qui vient vite et se laisse aisément faner.

268. Dans quelques départements on sème encore comme fourrages verts le seigle, l'orge d'hiver et l'avoine ; ces plantes ont le mérite d'être très-précoces et de pouvoir se faucher avant les prairies artificielles. Après elles , on prend ordinairement une seconde récolte dans la même année.

269. Le colza et la navette peuvent encore être utilisés comme fourrages verts ; mais une des plantes qui paraît produire le plus comme fourrage et plaire beaucoup au bétail , surtout aux vaches laitières, c'est le sorgho à sucre. Coupé en vert , il repousse et donne une seconde coupe. Quelques cultivateurs prétendent en avoir obtenu les meilleurs résultats, même pendant les années de sécheresse.

Questions résumant la quatrième partie.

§ 1er.

1° Quel a été l'objet des trois premières parties de ce manuel et quel sera l'objet de la quatrième ? 167)

2° Quelles réflexions doivent faire naître les phénomènes de la végétation ? (168)

§ II.

3° Comment peut-on classer les plantes dont s'occupe l'agriculture ? (168)

4° Qu'appelle-t-on céréales ? (170)

5° Quel climat et quel sol conviennent aux céréales ? Comment les divise-t-on ? (171)

6° Qu'est-ce que le déchaussement ? d'où provient la verse et comment peut-on l'éviter ? (172 ?

7° Quelle différence établit-on entre les froments et les épeautres ? (173)

8° Que doit-on entendre par blés tendres et par blés durs, par blés barbus et blés sans barbe ? (174, 175)

9° Le blé de mars vaut-il le blé d'automne, et quel avantage offre-t-il ? (176)

10° Dans quelles conditions doit se trouver le froment pour prospérer ? Quelle quantité de semence faut-il par hectare ? (177)

11° Quelles sont les principales variétés de froment qu'on peut semer dans le Bourbonnais ? (178)

12° Quelles sont les maladies qui atteignent le froment ? Comment procède-t-on au chaulage pour le préserver de la carie ? (179)

13° Comment recouvre-t-on la semence ? (180)

14° Quels sont les soins d'entretien qu'exige le froment après les semailles ? (181)

15° A quels signes reconnaît-on la maturité du froment ? Doit-on toujours attendre la maturité complète pour le couper ? (182)

16° Quels sont les soins à donner aux céréales après la moisson ? Comment se font les moyettes ? (183)

17° Comment conserve-t-on le blé après qu'il a été enlevé du champ ? (184)

18° Quelle est la culture de l'épeautre ? (185)

19° La culture du seigle est-elle d'une grande importance dans le Bourbonnais ? Quelles sont les terres qui lui conviennent ? (185, 186)

20° Quand doit-on le semer et quels soins d'entretien demande-t-il ? (187, 188)

21º Les gelées tardives et les pluies sont-elles nuisibles à la fleur du seigle ? (189)

22º Qu'est-ce que l'ergot ? (190)

23º Qu'est-ce que le méteil et à quelles terres convient-il ? (191)

24º A quel usage emploie-t-on l'orge ? en existe-t-il plusieurs espèces ? (192, 193)

25º Quel est le terrain qui lui convient ? Comment la sème-t-on et la récolte-t-on ? (194, 195)

26º Où se plaît l'avoine ? En existe-t-il plusieurs variétés ? Exige-t-elle des soins d'entretien ? (196, 197)

27º Quels sont les soins à donner au maïs ? (198)

28º Dans quelles terres vient le sarrasin et quels sont les accidents qu'il redoute ? (199, 200)

29º Cultive-t-on d'autres plantes en France ? (201)

§ III.

50º Quels sont les légumes farineux qui servent à l'alimentation de l'homme ? (202)

51º Dans quelles terres réussissent les fèves ? Quels soins exigent-elles ? Y en a-t-il plusieurs espèces ? (203)

32º Comment se fait la culture des pois et des haricots, et quels avantages présente-t-elle ? (204, 205, 206, 207)

33° Quels soins d'entretien exigent les haricots? Comment s'effectue la récolte? (208, 209)

34° Quelle est la culture des lentilles? Existe-t-il plusieurs variétés? (210)

§ IV.

35° Quelle est l'importance des récoltes racines? (211)

36° Faites connaître les variétés de pommes de terre et surtout celles cultivées dans le Bourbonnais? (212)

37° Comment se reproduit la pomme de terre? Quels soins demandent le choix de la semence et la culture de la plante? (213, 214, 215)

38° Comment procède-t-on à l'arrachage des pommes de terre? (216)

39° Quelles précautions faut-il prendre contre la maladie de la pomme de terre? (217)

40° La culture du topinambour est-elle avantageuse (218, 219)

41° A quoi sert la bette-rave? en existe-t-il plusieurs variétés? Quelle est sa culture? (220)

42° Faites connaître les avantages que présente la culture de la carotte, les soins qu'elle exige? (221)

43° A quelle époque sème-t-on la rave? Quel est le sol qui lui convient? (222, 223)

44º La culture du chou-rave est-elle avantageuse? Quels sont les soins d'entretien qu'il exige? (223)

45º Cherche-t-on à introduire en France d'autres légumes farineux ? (224)

46º Quels sont les moyens de conservation employés pour les plantes-racines? Comment construit-on les silos ? (225)

§ V.

47º Pourquoi certaines plantes sont-elles désignées par le nom de plantes industrielles ? (226)

48º Peut-on toujours cultiver ces plantes ? (227)

49º Quelles sont les plantes oléagineuses cultivées dans le Bourbonnais ? (227)

50º Dans quels sols peut-on placer le colza, et quels soins exige-t-il ? (228, 229)

51º Quelles précautions doit-on apporter à la récolte et au transport du colza ? (230)

52º La graine battue n'exige-t-elle pas des soins spéciaux ? (231)

53º Existe-t-il plusieurs variétés de colza et de navette ? (232, 233)

54º Les produits de la navette valent-ils ceux du colza ? (233)

55º Qu'est-ce que l'œillette et quelle est sa culture ? (234)

56° Qu'appelle-t-on plantes textiles? (235)

57° Quelle est la culture du lin ? (236)

58° Dans quelles terres se plaît le chanvre ? quels soin exige-t-il ? Comment se fait la récolte ? (237, 238)

59° Quelles sont les autres plantes industrielles cultivées en France ? (239)

§ VI.

60° Comment Jacques Bujault fait-il ressortir l'utilité des prairies ? (240)

61° Que faut-il entendre par prairies naturelles, prés et pâturages ? (241)

62° Quels sont les avantages que présentent les prairies naturelles ? Toutes donnent-elles des produits également bons ? (242, 243)

63° Quels soins demande l'établissement d'une prairie, et de quelles espèces de plantes doit-elle être semée ? (244, 245, 246)

64° Les prairies naturelles exigent-elles des soins d'entretien ? (247)

65° L'époque de la fauchaison exerce-t-elle une influence sur la prairie ? Comment s'opère la dessication du foin par un beau temps et par un temps pluvieux ? (248)

66° Qu'appelle-t-on prairies artificielles ? (249)

67º Quels avantages présentent-elles ? (250)

68º Quelles sont les plantes qui, dans le Bourbonnais, forment les prairies artificielles ? (251)

69º Expliquez comment on cultive la luzerne et comment on en fait la récolte ? (252, 253)

70º Expliquez la culture du trèfle en faisant connaître les terres qui lui conviennent? (254, 255)

71º Quand faut-il plâtrer ? Comment s'opère la dessication du trèfle ? (256)

72º Est-il utile de recueillir soi-même la graine de trèfle ? Peut-il revenir fréquemment sur la même terre ? (257, 258)

73º Dans quels sols doit-on placer le sainfoin et quelle est sa culture ? (259)

74º Quels sont les avantages qu'offre la culture du trèfle incarnat et du raygrass ? (260)

75º La vesce et le pois peuvent-ils être cultivés comme fourrages ? (261)

76º La lupuline donne-t-elle un bon fourrage ? (262)

77º Dans quelle partie de la France cultive-t-on l'ajonc ? (263)

78º Les choux, le maïs, le trèfle blanc, le moha peuvent-ils être cultivés comme fourrage ? (264, 265, 266, 267)

79º Quels sont les avantages que présentent le

seigle, l'orge et l'avoine cultivés comme fourrages ? (268)

80° Le colza, la navette et le sorgho ne peuvent-ils pas être coupés comme fourrages ? (269)

CINQUIÈME PARTIE.

—

—

270. « La terre ne demande pas à se reposer, a dit Jacques Bujault, elle veut toujours produire, mais aussi toujours changer. Jamais deux grains de suite, ça l'écrase. La terre a vingt espèces de sucs, l'un pour le grain, l'autre pour la pomme de terre ; celui-ci pour la betterave, celui-là pour le colza, le sainfoin, la luzerne, etc. Quand on a trait la vache, on attend le lait à revenir ».

271. Chaque plante, en effet, puise dans le sol des substances différentes ; les unes empruntent presque toute leur nourriture à l'atmosphère, les autres à la terre ; quelques-unes préparent très-bien le sol cultivé à divers genres de production, quelques autres le laissent, au contraire, couvert d'herbes nuisibles.

272. Il y a donc dans la succession des récoltes à demander à la terre, un ordre à observer pour en obtenir la plus forte somme possible de produits utiles, tout en lui conservant sa fertilité.

Régler l'ordre dans lequel se succèdent les récoltes, c'est établir une assolement, une rotation de récoltes, c'est-à-dire, d'une part, fixer l'étendue de chaque sole, de l'autre, déterminer la place que chaque plante admise dans l'assolement doit successivement occuper.

273. On appelle sole, la partie des terres consacrée à une culture spéciale ; ainsi l'on dit : une sole de froment, une sole d'avoine, une sole de trèfle.

274. Pour régler un assolement, on doit, autant que possible, appliquer les principes suivants, basés sur l'expérience :

1° Intercaler les récoltes épuisantes avec les récoltes améliorantes, et ne jamais cultiver deux céréales de suite ;

2° Faire revenir assez souvent les récoltes sarclées pour que le sol soit maintenu en bon état et net de mauvaises herbes ;

3° Appliquer ordinairement le fumier à la récolte sarclée, car il contient des grains de mauvaises herbes, que les sarclages et les binages détruiront ;

4° Eloigner autant que possible les unes des autres, les récoltes de même nature. Il en est qui, ne doivent revenir sur le même sol que tous les quatre ans, ou même à de plus longs intervalles ; comme les trèfles, les sainfoins, les luzernes ;

5° Ordonner la succession des récoltes de telle façon qu'on ait le temps, après chaque culture, d'effectuer d'une manière complète les travaux préparatoires que la suivante exige, et que la terre reste le moins possible dans l'inaction.

275. Nous ne donnerons pas ici le conseil d'adopter un assolement de préférence à un autre, parce que les rotations de cultures dépendent non-seulement des principes que nous venons de poser, mais encore de nombreuses circonstances que nous allons succinctement énumérer.

276. Ainsi il faut prendre en considération l'étendue de l'exploitation, le morcellement des terres, la nature du sol et sa qualité, l'état des terres, lors de l'entrée en jouissance, la présence ou l'absence de prairies naturelles, la nourriture du bétail à l'étable ou au pâturage, le prix du travail. Ce n'est pas tout, le voisinage ou l'éloignement des villes, des fabriques et des marchés peuvent faire adopter un assolement plutôt qu'un autre : auprès des villes, le laitage est un bon produit, on a les engrais à plus bas prix ; si on en est éloigné et que les voies de communication soient mauvaises, on peut s'adonner à l'élève du bétail qui se transporte lui-même ; dans les contrées industrielles certains produits trouvent un écoulement facile. C'est au cultivateur à mûrement réfléchir avant d'adopter tel ou tel assolement, et à le régler suivant le but qu'il se propose.

277. Mais, quelle que soit la rotation de cultures qu'on adopte, il faut se rappeler que les plantes, au point de vue des assolements, sont épuisantes ou fertilisantes, et que pour conserver à la terre sa fertilité, il faut faire succéder les unes aux autres, pour qu'il s'opère une compensation. Les plantes épuisantes prennent au sol plus qu'elles ne lui rendent ; quelques-unes même ne lui rendent rien, comme la plupart des plantes industrielles. Les céréales sont rangées parmi les plantes épuisantes. Les plantes fertilisantes sont celles qui, comme toutes les légumineuses en général et les légumineuses fourragères en particulier, vivent plus aux dépens de l'atmosphère par leurs feuilles et leurs tiges qu'aux dépens de la terre par leurs racines, et dont les débris, les racines, laissent plus à la terre qu'elles ne lui ont pris : les trèfles, les luzernes, etc., sont dans ce cas.

En général, du reste, les plantes qu'on coupe en vert pour le bétail, reposent la terre et l'engraissent, tandis que celles qu'on laisse venir en graine et en maturité, l'épuisent et la fatiguent.

278. Or, cela étant connu, l'expérience a démontré qu'il faut un hectare de terre pour nourrir pendant un an une tête de gros bétail ou dix moutons, qui en sont l'équivalent, et que, pendant ce temps, la bête à corne ou les dix moutons fournissent une quantité d'engrais égale à la fumure annuelle de deux hectares. Il résulte de là que la moitié au moins des terres de l'exploitation doit être consacrée à la nourriture des animaux, et qu'à l'assolement triennal, qui n'en consacre au plus que le tiers, comme dans certaines parties du département de l'Allier, il faut substituer l'assolement alterne, ainsi nommé parce qu'il a pour principe d'alterner d'année en année entre les céréales et les récoltes fourragères, entre les cultures épuisantes et les cultures améliorantes, entre celles qui salissent le sol et celles qui le nettoient, de manière à ce que la moitié puisse être consacrée aux fourrages.

279. En combinant le retour de chaque plante, suivant le but que l'on se propose dans la culture alterne, on arrive à établir des assolements ou rotation de trois, de quatre, de cinq années e plus (1).

(I) Pour montrer comment on peut régler la succession des récoltes, nous donnons ici un assolement de quatre années, qui, avec des modifications, peut devenir assolement de cinq ou de six ans. Nous ne voulons pas le présen-

280. Mais l'assolement triennal ou de trois ans, suivi dans certaines localités , comprenant une céréale d'automne , ensuite une céréale de printemps, et enfin des plantes sarclées, a pour inconvénient de ne pas donner assez de place aux fourrages.

281. D'après ce que nous venons de dire, la terre ne doit pas en général se reposer , c'est-à dire ne doit pas rester en jachère , car labourer une terre qui dans l'année ne rapporte rien , est pour le fermier une trop grande dépense : au surplus , cela est contraire au principe agricole, *qu'il faut obtenir des produits dans le moins de temps possible* ; il n'y a lieu de recourir à la jachère que dans le cas où l'on manque de fumiers , ou dans quelques autres circonstances exceptionnelles , comme par exemple ,

ter comme un modèle à suivre dans toutes les circonstances, mais seulement comme une indication.

1re année , plantes sarclées, bien fumées, pour nettoyer et amender le sol ;

2e année, grain de printemps dans lequel on sème du trèfle ;

3e année, trèfle ;

4e année, blé.

En modifiant cet assolement de la manière suivante, il devient assolement de 5 ans ou de 6 ans.

5e année, si le sol est riche, colza; sinon fourrage ;

6e année, blé ou avoine.

Dans l'assolement de 4 ans , on a un quart des terres en racines pour nourrir les animaux pendant l'hiver, un quart en trèfle pour faire du foin sec, ou nourrir le bétail en été ; l'autre moitié, en orge , avoine et froment.

lorsqu'une terre est tellement infestée de mauvaises herbes qu'il est nécessaire de lui donner plusieurs labours.

282. Nous devons ici faire remarquer qu'il ne faut pas confondre la friche avec la jachère. Une terre abandonnée à elle-même (comme cela se pratique dans un grand nombre de localités du département de l'Allier, ou comme on dit ordinairement, laissée en repos, est une terre en friche ; mais une terre qui est labourée et quelquefois même fumée pendant un certain temps, sans qu'elle reçoive d'ensemencements et produise de récoltes, est une terre en jachère. Dans tous les cas, la terre qui est temporairement improductive, se prépare à donner des récoltes ultérieures ; mais tandis que la préparation de la terre en friche est très-lente et exige des années, celle de la terre en jachère est plus prompte et plus efficace. On supprime, dans la plupart des cas, l'une et l'autre, en semant des plantes fourragères ou en cultivant des plantes sarclées, ainsi que nous l'avons dit dans les explications qui précèdent.

Questions résumant la cinquième partie.

1° La terre doit-elle se reposer ? (270)

2° Toutes les plantes se nourrissent-elles de la même manière ? (271)

3° Qu'entend-on par assolement et par sole ? (272, 273)

4° Quels sont les principes qu'il faut appliquer pour régler un assolement ? (274)

5° Quelles sont les circonstances qu'il faut prendre en considération en adoptant un assolement ? (275, 276)

6° Que faut-il entendre par plantes épuisantes et par plantes fertilisantes ? (277)

7° Quelle est l'étendue de terre que peut fumer une tête de gros bétail ? Quelle est la portion des terres qui doit, dans une exploitation, être consacrée aux récoltes fourragères ? (278)

8° Existe-t-il plusieurs espèces d'assolements ? (279)

9° L'assolement triennal présente-t-il des inconvénients ? (280)

10° Faut-il laisser les terres en jachère ? (281)

11° Quelle différence y a-t-il entre la friche et la jachère ? (282)

SIXIÈME PARTIE.

—

ÉLEVAGE, ENTRETIEN ET MULTIPLICATION DU BÉTAIL.

—

§ Ier

Considérations générales sur le bétail.

283. Le bétail a une importance telle en [agriculture que Jacques Bujault que nous avons déjà cité bien souvent, a pu dire : « une ferme sans bétail est une cloche sans balail (sans battant.) »

En effet, à quelque point de vue qu'on le considère, on verra que non seulement il est une source de richesse pour le cultivateur, mais encore qu'il est indispensable dans toute exploitation bien dirigée.

284. Il est le *nerf* de la culture, car il fournit le fumier qui est la base la plus solide de toute bonne agriculture. Et, nous l'avons dit, plus on fume, plus on récolte ; or, pour fumer il faut avoir des engrais, et on ne les obtient qu'avec des animaux qui sont de véritables machines à fumier.

285. Si donc les animaux domestiques fournissent des engrais au cultivateur, ils servent encore à labourer ses terres, à porter sur les champs le fumier des écuries, à voiturer les récoltes, à transporter au marché les denrées qu'il veut vendre. Ils sont ses aides, ses auxiliaires dans toutes les opérations agricoles.

286. Les céréales, les légumes et la viande forment la base de l'alimentation de l'homme ; mais la viande, par sa composition, lui fournit le plus facilement, et sous un petit volume, les principes réparateurs nécessaires à l'entretien de sa vie et au développement de ses forces. L'homme qui se nourrit seulement de substances végétales a bien moins de vigueur que celui dans la nourriture duquel entre une certaine quantité de substances animales. La viande devrait former le quart en poids de la ration alimentaire de l'homme. Il s'en faut de beaucoup qu'il en soit ainsi dans notre pays, et encore toute la viande consommée en France n'y est pas produite, nous en tirons une grande quantité de l'Etranger.

287. Ce n'est pas tout, l'industrie a besoin de matières premières dont elle ne peut pas se passer, tels sont la laine, les peaux, le suif, la corne, les os, etc. Ce sont les animaux domestiques qui les lui procurent ; or, on ne produit pas en France tout ce qui nous est nécessaire, et nous en demandons pour plus de trente millions à l'Etranger.

288. La multiplication du bétail est le moyen le plus puissant de retirer de la terre la plus grande somme des produits qu'elle peut donner sans lui faire perdre de sa valeur et en ajoutant sans cesse aux principes de fertilité qu'elle renferme. Car pour augmenter le nombre des animaux domestiques qu'on élève sur son domaine, il faut en consacrer au moins, comme nous l'avons dit dans le chapitre précédent, la moitié à la culture des plantes fourragères. Or, ces plantes, empruntant, pour la plupart, une partie de leur nourriture à l'air dans lequel elles vivent, ménagent et améliorent le sol, qui devient plus propre à supporter ensuite la culture beaucoup plus épuisante des céréales.

289. L'amélioration des animaux dépend de l'abondance et de la qualité de la nourriture. Il suit de là qu'il faut commencer par améliorer la terre et changer le systême de culture généralement adopté dans le Bourbonnais, qui laisse beaucoup trop de place aux céréales. Un point essentiel est de pourvoir d'abord à la nourriture du bétail, sans cela on bâtit sur le sable. Aussi doit-on prendre pour règle de n'avoir que ce que l'on peut bien loger, bien soigner et bien nourrir. Tous les animaux *font per-*

dre si on ne les tient pas proprement et si on ne les nourrit pas en raison de ce qu'on leur demande en travail et en viande. Si nos voisins du Nivernais, du Charolais et du Limousin ont d'excellent bétail, c'est qu'ils leur prodiguent les soins et la nourriture.

290. Quant aux races qu'il convient d'adopter, il faut agir avec prudence et réflexion, et, sans rejeter les races étrangères vantées pour leurs qualités supérieures, on ne doit pas chercher à les admettre, sans s'être assuré préalablement qu'on a les ressources suffisantes pour leur procurer la nourriture et les soins particuliers qu'elles demandent pour prospérer. Jusque-là on fera bien de s'en tenir aux races du pays, qu'on améliorera et perfectionnera en faisant un choix judicieux des reproducteurs, et par une nourriture et des soins bien entendus.

§ II.

Race bovine. — Soins qu'exigent les veaux. — Bœufs de travail. — Vaches laitières. — Engraissement du bœuf.

291. Le cultivateur qui élève doit, pour la race bovine, prendre les veaux les plus parfaits. Un premier soin très-nécessaire, c'est celui de calculer l'époque des naissances de manière à faire naître les veaux dans la saison la plus favorable à l'élevage.

La gestation de la vache étant de neuf mois environ, il est facile de savoir quand les veaux doivent naître.

292. Il vaut mieux traire la vache et faire boire le jeune veau que de le laisser téter ; quand le veau a tété, la vache s'y attache trop ; plus tard elle refusera de se laisser traire, ou bien elle retiendra son lait, et quand il faudra la séparer de son veau, elle se tourmentera au point de devenir sérieusement malade.

293. A quelque race que les bœufs de travail appartiennent, il importe que ceux qui doivent porter ensemble le même joug soient parfaitement appareillés, autrement une grande partie de leur force est perdue.

294. La nourriture des bœufs de travail doit leur être distribuée très-régulièrement, toujours à heure fixe. La ration qu'ils doivent recevoir varie suivant leur taille et leur poids ; l'expérience doit guider l'éleveur. Il est également très-avantageux de rationner le bétail ; par ce moyen on ne s'expose pas à manquer de fourrages et à laisser dépérir les animaux, surtout si l'on se rend compte de ce que l'on a en foin sec et en racines.

295. Les bonnes vaches laitières se reconnaissent, suivant la découverte de Guénon, à certains signes que l'expérience sait facilement découvrir.

296. Généralement dans le Bourbonnais elles ne reçoivent pas les soins auxquels elles ont droit à cause des services qu'elles rendent, comme bêtes de trait et comme vaches laitières, fournissant le lait, le beurre et les fromages, qui occupent une si grande place dans l'alimentation de la famille.

La vache soignée convenablement conserve plus sûrement la santé, donne nécessairement plus de lait et de meilleure qualité. Ainsi elle doit, chaque matin, être étrillée, bouchonnée et lavée avec une éponge à l'anus, aux parties génitales, vers le haut de la queue et aux jarrets, afin que toutes les parties souillées par les excréments en soient débarrassées.

297. C'est également à tort qu'on pense qu'il est utile pour les vaches que les étables soient excessivement chaudes, et que le fumier y séjourne longtemps. On doit, au contraire, renouveler l'air au moyen de fenêtres qu'on ouvre et ferme à volonté, en évitant les courants d'air nuisibles surtout aux vaches qui ont nouvellement vêlé.

298. Lorsque l'abondance des fourrages permet d'engraisser des bêtes à cornes, il faut, autant que possible, ne pas acheter des animaux qui ont travaillé trop longtemps ou dont le tempérament est ruiné par des privations trop prolongées.

299. Dans le Nivernais et quelques autres parties de la France, on engraisse dans des prairies d'embouche ; c'est-à-dire que les animaux sont mis en liberté dans de riches prairies, où ils mangent à volonté. Dans d'autres localités on coupe l'herbe et on la fait manger à l'étable, et pour compléter l'engraissement, on ajoute à la ration du tourteau de graines oléagineuses avec un peu de sel.

300. Pendant l'hiver, l'engraissement a pour base la consommation des racines fourragères associées aux meilleurs fourrages secs, aux tourteaux légèrement salés et aux grains.

Les meilleures races françaises pour l'engraissement sont la race limousine, la race charolaise, la race nivernaise, la race poitevine et la race cotentine. A l'étranger, la supériorité est généralement accordée à la race anglaise de Durham à courtes cornes.

301. Disons en terminant qu'il est nécessaire de traiter les bêtes bovines avec la plus grande douceur. Le bœuf de travail, s'il est maltraité, devient indocile, vindicatif ; il n'obéit qu'à force de coups d'aiguillon.

§ III.

Bêtes ovines. — Bélier reproducteur. — Gestation de la brebis. — Agneaux.

302. Les bêtes ovines utilisent, en les changeant en laine, viande et suif, des herbes trop courtes, soit pour être fauchées, soit même pour être pâturées par les autres bestiaux. On peut encore les faire parquer, afin d'épargner la litière et les frais de transport du fumier.

303. Le bon choix des béliers est d'une grande importance. Ils ne doivent commencer à servir à la reproduction qu'à l'âge de quinze à dix-huit mois.

304. La brebis porte en moyenne cinquante-cinq jours ; elle ne doit pas servir à la reproduction avant d'avoir l'âge de douze à quinze mois ; plus jeune, elle ne donne que des agneaux de peu de valeur qui s'élèvent difficilement. Aussi est-ce à tort que beaucoup de personnes laissent les béliers avec les agnèles. L'agnélage étant toujours fatigant, la brebis doit recevoir, outre sa ration habituelle, un supplément de nourriture en avoine ou en farines de légumes, non pas immédiatement, mais pendant la semaine qui suit l'agnelage. Il est bien de séparer du reste du troupeau les brebis qui viennent de mettre bas ; elles allaitent leurs agneaux sans trouble et ceux-ci ne sont pas foulés par les bêtes adultes.

305. L'agneau tête pendant quatre mois ; vers la fin de l'allaitement on a dû l'habituer à manger un peu d'herbe fraîche ; à quatre mois il peut sans inconvénient vivre exclusivement au pâturage avec le reste du troupeau. Pendant le premier hivernage, du regain et des racines coupées forment la nourriture qui convient le mieux aux agneaux.

Dans quelques localités on nourrit d'une manière différente les antenais ou primiaux (moutons d'un an), suivant qu'on les élève pour la laine ou pour la viande. Les premiers sont nourris modérément, afin qu'ils conservent l'agilité nécessaire pour chercher leur nourriture sur les pâturages maigres des terrains en pente, qui leur conviennent. Les seconds sont nourris à discrétion, afin de les rendre paresseux ; on leur fait prendre peu d'exercice.

306. Il existe un grand nombre de races françaises et étrangères ; le cultivateur, à moins de circonstances particulières qui lui permettent de bien nourrir et bien soigner ses bêtes ovines, fera bien de se contenter de celle qui existe dans la contrée où il se trouve, à la condition toutefois de l'améliorer par des soins et des appareillements bien entendus.

§ IV.

Race chevaline. — Etalons. — Gestation — Poulain. — Nourriture du cheval. — Races de labour. — Ane. — Services qu'il rend. — Mulet.

307. Les agriculteurs du département s'adonnent peu à l'élève de la race chevaline, cependant il en est quelques-uns qui forment des chevaux destinés à la remonte, au roulage ou à quelques autres usages. Aussi nous bornerons-nous à dire que les éleveurs doivent apporter le plus grand soin dans le choix des étalons, dont les qualités bonnes ou mauvaises sont essentiellement héréditaires et transmissibles à leur postérité.

308. Bien que le père influe sur les produits plus que la mère, il est absurde d'espérer de bons poulains d'une jument mal faite ou atteinte de vices héréditaires (qui viennent de son père ou de sa mère) même quand le père de ces poulains est bien constitué et de formes irréprochables.

309. La jument pleine doit continuer à travailler comme avant la monte, seulement il faut éviter les travaux trop rudes, à travers les mauvais chemins, qui pourraient occasionner des chocs, des écarts, en un mot des mouvements trop violents. Au moment où apparaissent les signes d'une parturition prochaine, on ne fait plus travailler la jument. Elle porte ordinairement onze mois et quelques jours.

310. Pendant les deux premiers mois, le jeune poulain se nourrit exclusivement du lait de sa mère. Au bout de ce temps, il commence à brouter un peu de foin ou les extrémités des herbes fraîches qu'on donne à sa mère. Insensiblement il mange un peu d'avoine, et au bout de quatre à cinq mois il se nourrit moins de lait que de foin et d'avoine; à six mois, on peut le sevrer sans inconvénient, il est parfaitement en état de se nourrir d'herbes, de racines et d'avoine.

311. Le foin et l'avoine sont la base de la nourriture des chevaux de travail; celui des prairies naturelles est préférable à celui des prairies artificielles, mais on peut cependant avec avantage mélanger l'un et l'autre.

312. Le fourrage vert refait promptement les chevaux fatigués d'un excès de travail ou ceux qui ont souffert d'une consommation trop exclusive de fourrages secs pendant l'hiver.

313. Parmi les racines fourragères, les carottes sont les seules qui puissent avec avantage faire partie de la ration des chevaux pendant l'hiver. Quand les chevaux semblent échauffés, une dose modérée de son ajoutée à leurs aliments les nourrit et les rafraîchit tout à la fois.

314. Les chevaux qui doivent être employés au labourage et aux autres travaux de l'agriculture peuvent être attelés très-jeunes et soumis de bonne heure à un travail modéré, calculé d'après leur force croissante ; ils ne s'en élèvent que mieux. La somme de travail utile qu'ils sont capables de fournir paie une partie des frais de l'élevage.

315. Il importe beaucoup que les harnais, principalement les colliers des chevaux de labour et de gros trait soient bien à leur mesure et ne les blessent ni par pression s'ils sont trop serrés, ni par frottement s'ils sont trop larges.

Les meilleures races de labour sont les Boulonnais, les Bretons, les Percherons et les Comtois.

316. Le cheval veut être traité avec douceur ; aussi doit-on blâmer fortement les valets de ferme qui lui infligent sans nécessité les plus mauvais traitements et ruinent ainsi en peu de temps les meilleurs attelages. Tous les animaux au service de l'homme ont droit à sa bienveillance, comme des serviteurs précieux, des compagnons de travail.

317. L'âne, en raison de sa docilité, de sa sobriété, de la facilité de le maintenir en bon état avec des aliments de peu de valeur, est celui de tous nos animaux de travail qui rend le plus de services utiles en proportion des frais d'entretien, mais c'est à la condition qu'il soit bien traité. S'il ne l'est pas, il travaille le moins qu'il peut, prend son maître en haine et ne rend que la moitié des services qu'on en peut obtenir avec de bons traitements.

Il rend, auprès des villes, de grands services à la petite culture ; non-seulement il sert à recueillir les boues des rues, mais il transporte les fumiers et les récoltes, laboure et rayonne pour enterrer la semence.

318. L'âne, dès quatre ans, l'ânesse, dès trois ans, peuvent servir à la reproduction. La durée de la gestation est de douze mois et quelques jours. Les jeunes ânons craignent le froid et l'humidité ; ils peuvent être sevrés à quatre ou cinq mois et soumis au même régime que le poulain.

319. Le mulet est un métis obtenu de l'accouplement de l'âne avec la jument. Il est, par conséquent, impropre à reproduire et à perpétuer sa race, et on ne peut l'obtenir que par de nouveaux croisements. Il est précieux par sa sobriété, sa force et surtout la sûreté de son pied. Il résiste bien mieux que le cheval aux chaleurs, et ne peut vivre dans les régions froides ou dans celles dont le terrain est humide et glaiseux. (1)

§ V.

Race porcine.— Verrat, truie. — Gestation. — Nourriture de la truie. — Soins à donner aux gorets. — Races de porcs.

320. Le cochon est sans contredit un des animaux domestiques les plus précieux, par la rapidité de son accroissement, par sa fécondité et la facilité avec laquelle on le nourrit et on l'engraisse. Il est

(1) La loyauté doit présider à toutes les transactions commerciales ; mais c'est surtout dans la vente ou l'échange du bétail que la bonne foi est indispensable, car là plus que partout ailleurs, il est facile de tromper. Aussi le législateur a-t-il voulu protéger efficacement l'acheteur contre la mauvaise foi du vendeur qui s'expose à des condamnations sévères s'il ne fait pas connaître les défauts qui peuvent déprécier les animaux qu'il livre ; c'est l'objet de la loi sur les vices rédhibitoires : ainsi sont considérés comme tels et donnent lieu à une action contre le vendeur, *pour le cheval, l'âne et le mulet.* La fluxion périodique des yeux , l'epilepsie ou mal caduc, la morve, le farcin, les maladies anciennes de poitrine ou vieilles courbatures, l'immobilité, la pousse, le cornage chronique, le tic sans usure des dents, les hernies inguinales intermittentes, la boiterie intermittente pour cause de vieux mal.

Pour l'espèce bovine , la phtisie pulmonaire, l'epilepsie ou mal caduc, les suites de la non-délivrance, après le part chez le vendeur ; le renversement du vagin ou de l'utérus , après le part chez le vendeur.

Pour l'espèce ovine, la clavelée, le sang-de-rate.

d'une immense ressource pour le petit cultivateur qui, avec une vache et un cochon, peut s'assurer la plus grande partie de l'alimentation animale de la famille.

321. La truie peut porter dès l'âge de 7 à 8 mois ; elle n'a pas à cet âge accompli toute sa croissance ; mais elle continue à grandir en nourrissant ses premières portées. La gestation dure environ 115 jours, jamais moins de 100 jours et jamais plus de 125 ; elle est un peu plus courte chez les bêtes très-jeunes et un peu plus longue chez les bêtes qui ont accompli toute leur croissance. On doit choisir parmi les jeunes animaux, non-seulement les truies destinées à la reproduction, mais aussi les verrats ; ils doivent réunir le plus complètement possible les qualités propres à leur race. Le verrat peut être employé à la reproduction dès l'âge de 8 à 10 mois.

322. La truie pleine doit être bien nourrie ; cependant il faut éviter qu'elle engraisse, parce qu'elle aurait moins de lait. Elle peut faire deux portées par an et avoir le temps nécessaire pour allaiter ses petits.

Le nombre des petits ou gorets qu'une truie peut faire à chaque portée est très-variable ; ils craignent beaucoup le froid, aussi est-il nécessaire de placer

l'Allier, l'on vend les jeunes porcs à des marchands éloignés qui conduisent les jeunes cochons en Bourgogne et en Franche-Comté, il peut être avantageux d'élever la race blanche du pays ; dans les fermes où l'on n'a pas de forêts à sa disposition et parconséquent de glands , où l'on est dans la nécessité d'engraisser à l'étable et près des villes, la race anglo-siamoise doit être préférée à cause de son aptitude à la graisse et de la facilité que l'on a de la nourrir avec toute espèce de débris.

§ V.

Bouc. — Chèvre. — Oiseaux de basse-cour. — Coq. — Chapon. — Poule. — Poularde. — Incubation. — Engraissement de la volaille. — Dindon. — Oie. — Canard. — Pigeons.

328. Le bouc et la chèvre sa femelle sont des animaux domestiques , qui n'appartiennent pas en général à la grande culture. Il y a bien longtemps qu'on a dit que la chèvre est la vache du pauvre. Essentiellement sobre et rustique , cet animal exige peu de soin et surtout se contente de la nourriture la plus modeste. Mais elle présente de grands inconvénients qui doivent la faire rejeter de tous les pays où les champs sont soigneusement cultivés ou de ceux qui abondent en bois et en vignes. Les chèvres sont si capricieuses qu'on ne peut les garder en troupe et les empêcher de s'écarter, et elles exercent des ravages souvent considérables dans les champs cultivés, dans les vignes, les bois, les haies et les vergers. Cependant, dans quelques contrées, on les nourrit presque toute l'année à l'étable. La chèvre et le bouc peuvent produire à l'âge de huit mois, mais il vaut mieux attendre qu'ils aient atteint au moins vingt mois. La gestation est de cinq mois. Les chevreaux tettent leur mère pendant 5 à 6 semaines, et peuvent être vendus pour la boucherie et surtout pour la peau qui sert à faire des gants.

329. L'élève des oiseaux de basse-cour, soit pour les œufs soit pour la chair, est une des branches secondaires de l'économie rurale qui peuvent le plus contribuer à faire régner l'aisance dans les ménages des petits cultivateurs. Ceux qu'on élève ordinairement sont la poule, le dindon, le canard, l'oie et le pigeon.

330. En Angleterre et dans certaines parties de la France on donne à ces animaux des soins bien entendus, et des expositions remarquables ont même, depuis quelques années, attiré l'attention des cultivateurs.

331. Privé de ses organes générateurs, pour faci-

liter son engraissement, le coq se nomme chapon ;
la femelle dans le même état se nomme poularde.
Si l'on se propose de vendre la volaille grasse, il
faut choisir parmi les nombreuses espèces de poules
celles dont la chair est la plus estimée ; si, au contraire, les œufs doivent être le produit principal, il
faut s'en tenir à la race la meilleure pondeuse qu'il
soit possible de trouver. Dans les environs du Mans,
département de la Sarthe, dans la Bresse, département de l'Ain, on élève de bonnes races pour
l'engraissement ; dans le pays de Caux, département
de la Seine-Inférieure, la race est surtout bonne
pondeuse. Les poules russes, remarquables par leur
grosseur, s'engraissent également bien. La poule
grise campinoise, dite poule de tous les jours,
pond presque chaque jour du printemps à l'automne.

332. On ne doit pas donner à une poule couveuse
plus de 16 œufs. La durée de l'incubation est de
21 jours quand le temps est favorable, et de 22 jours
lorsqu'elle est contrariée par une température humide et froide. Les poulets des œufs récemment
pondus naissent ordinairement un jour plus tôt que
ceux des œufs pondus 25 ou 30 jours avant le commencement de l'incubation. Les poules couveuses
ont besoin d'être bien nourries.

333. La chaleur seule est nécessaire aux poulets le jour qui suit celui de leur naissance ; ils n'ont besoin d'aliments que le lendemain. Une pâtée, formée de farine d'orge et d'avoine , de croûtes de pain trempées et d'un œuf cuit mollet, est l'aliment qui leur convient le mieux pendant les premiers jours. Ils craignent surtout l'humidité et doivent être renfermés , à moins que le temps ne soit sec et chaud. On ajoute plus tard à leur nourriture des criblures de grain et des pommes de terre écrasées.

Pour engraisser la volaille, il faut la priver de sa liberté, placer les mues ou épinettes dans lesquelles on la tient, dans un lieu propre, tranquille et obscure, où la température est tiède et égale. Il faut gorger la volaille d'une nourriture préparée avec de la farine de sarrasin, de maïs, etc., et pour cela introduire avec le doigt les pâtons ou boulettes dans le gosier de l'animal.

334. Le dindon est un peu plus difficile à multiplier et à élever que la poule. La dinde ne peut couver convenablement que 16 œufs ; l'incubation dure 28 à 30 jours. Les jeunes dindonneaux craignent encore plus l'humidité que les jeunes poulets ; on mêle à leur pâtée des horties hâchées avec des oignons jusqu'à ce qu'ils aient pris le rouge, époque critique de leur développement. Cette crise passée, ils deviennent rustiques, et la fin de leur élevage n'offre pas de difficulté. On engraisse les dindons de la même manière que les autres oiseaux de basse-cour.

335. La chair de l'oie est saine et très-nourris-sante ; cet animal prend facilement la graisse et donne en outre une plume d'une assez grande valeur. L'incubation dure environ 29 jours. Elle s'engraisse avec toute espèce d'aliments végétaux, mais surtout avec un mélange de grains cuits et de pommes de terre cuites écrasées, donné à discrétion. Pendant l'engraissement, les oies doivent être tenues dans le calme, l'immobilité et l'obscurité. Quelques cultivateurs les éloignent des prairies parce qu'elles ne mangent que l'herbe la plus fine et donnent ainsi toute facilité aux plantes de qualité inférieure d'étouffer les autres.

336. Partout où l'on peut disposer d'une eau courante ou stagnante, le canard multiplie avec la plus grande facilité. La canne pondant plus d'œufs qu'elle n'en peut couver, on peut les utiliser comme aliment : ils valent les meilleurs œufs de poule. L'incubation dure à peu près 29 jours. Les canetons ont besoin de soins pendant les huit ou dix premiers jours, ceux de la mère leur suffisent ensuite. On les nourrit, pendant les premiers jours, de mie de pain mêlée de jaunes d'œufs durs. Le canard bien nourri est toujours suffisamment gras, sans avoir besoin d'être soumis à un régime particulier d'engraissement.

337. On distingue deux espèces de pigeons, les pigeons de colombier, appelés pigeons fuyards, les pigeons de volière. Les premiers se suffisent à eux-mêmes et trouvent dans les champs de quoi se nourrir. Cependant on doit les tenir renfermés à l'époque des semailles d'automne et de printemps, et alors il faut leur donner de la nourriture. Le même soin est nécessaire pendant la saison rigoureuse de l'hiver. Cette espèce ne donne guère que trois pontes par année. Le colombier doit être tenu très-proprement et garanti des rats, des belettes et des fourmis. Au bout d'un mois, les pigeonneaux sont bons à manger. Il ne faut pas attendre qu'ils quittent leur nid et qu'ils commencent à voler, car leur chair devient plus dure et moins délicate. Au reste, l'avantage principal que présentent les pigeons est de fournir de la colombine, qui est un engrais très-actif.

338. Les pigeons de volière présentent de nombreuses variétés, et leur domesticité est complète ; c'est-à-dire qu'ils ne tentent jamais de fuir le lieu qui les a vus naître et où ils trouvent leur nourriture.

S'ils sont bien nourris, ils peuvent faire jusqu'à six et huit pontes par an. La chair des pigeonneaux de volière est préférable à celle des fuyards, et ils sont plus gros; mais il faut les nourrir toute l'année, et par conséquent ils coûtent plus cher que les pigeons de colombier. La vesce, le chenevis et les menus grains conviennent à leur alimentation.

Questions résumant la sixième partie.

§ Ier.

1° Quelle est l'importance du bétail pour une ferme? (283, 284, 285)

2° Dans quelle proportion la viande doit-elle entrer dans l'alimentation de l'homme? La France fournit-elle tout ce qu'elle consomme? (286)

3° Le bétail fournit-il des matières premières à l'industrie? (287)

4° Le bétail peut-il contribuer à l'amélioration du sol, et comment? (288)

5° Quelle règle doit-on suivre pour la quantité de bétail que l'on doit nourrir? (289)

6° Quelle race faut-il adopter? (290)

§ II.

7° A quoi doit-on s'attacher pour la naissance des veaux et les premiers soins qu'ils demandent? (291, 292)

8º Pourquoi les bœufs qui tirent ensemble doivent-ils être bien appareillés ? (283)

9º Comment doit-on régler la nourriture des bœufs ? (294)

10º Existe-t-il des caractères qui font reconnaître les bonnes vaches laitières ? (295)

11º Quels soins doit-on donner aux vaches laitières ? (296, 297.)

12º Quels sont les divers modes d'engraissement suivis en France ? (298, 299, 300)

13º Est-il nécessaire de traiter les animaux avec douceur ? (301)

§ III.

14º Quelle est l'utilité des bêtes ovines ? (302)

15º Quels soins doit-on apporter au choix des béliers reproducteurs ? (303)

16º Quelle est la durée de la gestation chez les bêtes ovines, et à quel âge peuvent-elles servir à la reproduction ? (303, 304.)

17º Combien de temps tettent les agneaux et quels soins exigent-ils ensuite ? (305)

18º Quelle race doit-on adopter ? (306)

§ IV.

19º Est-il nécessaire de choisir avec soin les étalons dans la race chevaline ? (307)

20º Les qualités de la jument doivent-elles être prises en considération ? (308)

21º La jument pleine peut-elle travailler ? (309)

22º Quelle doit être la nourriture du poulain pendant les premiers mois de son existence (310)

23• Quelle est la nourriture qui convient aux chevaux de travail? (311, 512, 513)

24º A quel âge peut-on se servir des jeunes chevaux pour les labours ? (314)

25º Quelles sont les meilleures races de labour ? Comment doit être traité le cheval ? (315, 316)

26º Quels sont les services que rend l'âne ? (317)

27º A quel âge l'âne et l'ânesse peuvent-ils produire ? (318)

28º Qu'est-ce que le mulet et quelles sont ses qualités ? (319)

29º Quels sont les vices rédhibitoires prévus par la loi ? (note du nº 519)

§ V.

30º Quels sont les avantages qu'offre le cochon ? (320)

31º A quel âge le verrat et la truie peuvent-ils être employés à la reproduction ? (321)

32º Quels sont les soins qu'il faut donner à la truie qui a mis bas, et pendant qu'elle allaite? (322, 523)

33• Les porcs ont-ils besoin de propreté ? (324)

34º Quelles sont les matières qu'on peut utiliser pour la nourriture du porc ? (525)

35º Quelle est la race qu'il faut préférer ? (326, 327)

§ VI.

36º Le bouc et la chèvre offrent-ils des avantages dans une exploitation ? ne présentent-ils pas des inconvénients ? (328)

37º Est-il avantageux d'élever des oiseaux de basse-cour ? (329, 330)

38º Que faut-il entendre par chapon et par poularde ? (331)

39• Combien d'œufs une poule peut-elle couver ? Quelle est la durée de l'incubation ? (332)

40º Quelle est la nourriture que l'on doit employer pour les jeunes poulets et pour l'engraissement ? (33)

41º Quels sont les soins qu'exigent les jeunes dindons ? (334)

42º Comment engraisse-t-on les oies ? (335)

43º Quels soins demandent les canards ? (336)

44º Existe-t-il plusieurs espèces de pigeons ? Chaque espèce offre-t-elle les mêmes avantages ? (337, 338)

SEPTIÈME PARTIE.

—

FABRICATION DES PRODUITS AGRICOLES.

—

§ Ier

Panification. — Pétrissage. — Fermentation et cuisson.

339. Plusieurs industries se rattachent directement à l'agriculture et exigent du cultivateur des soins spéciaux ; elles ont pour objet la fabrication du pain, du vin, du cidre, de la fécule, de l'alcool, du beurre, du fromage.

340. La farine de froment, celles de seigle et d'orge sont employées seules ou mélangées entre elles ou même avec d'autres farines pour faire le pain. Le procédé consiste à pétrir la farine avec de l'eau ; on y ajoute du levain, et, quand la pâte a fermenté, ou, comme on dit vulgairement, est levée, on en fait des masses que l'on cuit dans des fours. Ainsi donc, trois opérations, pétrissage, fermentation et cuisson, constituent la panification.

341. Le pétrissage consiste à délayer du levain dans la quantité d'eau nécessaire à toute la pâte, terrain, la nature des engrais, tout contribue à modifier la qualité de ce produit.

345. Chaque localité suit un usage particulier pour la fabrication du vin ; néanmoins, toutes les opérations se réduisent à quatre : le foulage du raisin, la fermentation du moût, le décuvage et le pressurage.

346. Dans certains vignobles on égrappe, c'est-à-dire qu'on enlève la rafle qui rend le vin moins fin et moins délicat, mais qui lui donne plus de durée. Les vignerons soigneux et désireux d'obtenir de bons vins, séparent, en le cueillant, le raisin mûr et sain du raisin pourri ou peu mûr, et en font des cuvées séparées. Le raisin récolté est foulé et encuvé, et ne tarde pas à fermenter. Le chapeau est formé par les matières soulevées par un gaz qu'on appelle acide carbonique, gaz impropre à la respiration et dont il faut se garantir Dans beaucoup de vignobles, on mélange, peu de jours après la mise en cuve, le chapeau avec le liquide, et on laisse fermenter de nouveau. Pour empêcher le vin d'aigrir, on couvre la cuve d'un couvercle percé d'un trou de bonde ; sur ce trou on place un corps rond que l'acide carbonique puisse soulever, mais qui empêche l'air de pénétrer et de se mettre en contact avec le moût.

347. Le décuvage se fait par des robinets; le liquide soutiré est mis dans des fûts qu'on laisse débouchés pendant quelques jours pour que la fermentation s'achève. Le résidu qui reste dans la cuve est porté au pressoir, et le vin qui en provient est mélangé au premier, ou mieux est mis dans d'autres fûts, car sa qualité est bien inférieure.

348. C'est ainsi qu'on procède pour le vin rouge; quand on veut du vin blanc, on presse la vendange avant de faire fermenter, et l'on met immédiatement en fût le liquide. La lie est formée par les matières qui troublaient le vin et qui se déposent au fond des tonneaux.

349. Les vins sont sujets à plusieurs maladies dues au manque de soin des vignerons. Ils sont exposés à devenir aigres si l'air pénètre dans les fûts ou si la cave est trop chaude. On remédie à cette acidité en ajoutant dans le vin un peu d'une matière appelée tartrate neutre de potasse.

Les vins qui ont peu d'alcool et qui n'ont pas été soufrés peuvent *pousser*. Quand cela arrive, on les transvase dans des fûts où l'on a fait brûler une mèche de soufre.

La graisse qui se manifeste dans les vins blancs, se combat en ajoutant au vin un peu de tannin ou bien mieux que le cheval aux chaleurs, et ne peut vivre dans les régions froides ou dans celles dont le terrain est humide et glaiseux. (1)

§ V.

Race porcine.— Verrat, truie. — Gestation. — Nourriture de la truie. — Soins à donner aux gorets. — Races de porcs.

320. Le cochon est sans contredit un des animaux domestiques les plus précieux, par la rapidité de son accroissement, par sa fécondité et la facilité avec laquelle on le nourrit et on l'engraisse. Il est

(1) La loyauté doit présider à toutes les transactions commerciales ; mais c'est surtout dans la vente ou l'échange du bétail que la bonne foi est indispensable, car là plus que partout ailleurs, il est facile de tromper. Aussi le législateur a-t-il voulu protéger efficacement l'acheteur contre la mauvaise foi du vendeur qui s'expose à des condamnations sévères s'il ne fait pas connaître les défauts qui peuvent déprécier les animaux qu'il livre ; c'est l'objet de la loi sur les vices rédhibitoires : ainsi sont considérés comme tels et donnent lieu à une action contre le vendeur, *pour le cheval, l'âne et le mulet.* La fluxion périodique des yeux, l'épilepsie ou mal caduc, la morve, le farcin, les maladies anciennes de poitrine ou vieilles courbatures, l'immobilité, la pousse, le cornage chronique, le tic sans usure des dents, les hernies inguinales intermittentes, la boiterie intermittente pour cause de vieux mal.

Pour l'espèce bovine, la phtisie pulmonaire, l'épilepsie ou mal caduc, les suites de la non-délivrance, après le part chez le vendeur ; le renversement du vagin ou de l'utérus, après le part chez le vendeur.

Pour l'espèce ovine, la clavelée, le sang-de-rate.

d'une immense ressource pour le petit cultivateur qui, avec une vache et un cochon, peut s'assurer la plus grande partie de l'alimentation animale de la famille.

321. La truie peut porter dès l'âge de 7 à 8 mois ; elle n'a pas à cet âge accompli toute sa croissance ; mais elle continue à grandir en nourrissant ses premières portées. La gestation dure environ 115 jours, jamais moins de 100 jours et jamais plus de 125 ; elle est un peu plus courte chez les bêtes très-jeunes et un peu plus longue chez les bêtes qui ont accompli toute leur croissance. On doit choisir parmi les jeunes animaux, non-seulement les truies destinées à la reproduction, mais aussi les verrats ; ils doivent réunir le plus complètement possible les qualités propres à leur race. Le verrat peut être employé à la reproduction dès l'âge de 8 à 10 mois.

322. La truie pleine doit être bien nourrie ; cependant il faut éviter qu'elle engraisse, parce qu'elle aurait moins de lait. Elle peut faire deux portées par an et avoir le temps nécessaire pour allaiter ses petits.

Le nombre des petits ou gorets qu'une truie peut faire à chaque portée est très-variable ; ils craignent beaucoup le froid, aussi est-il nécessaire de placer la truie, au moment du oart, dans un lieu abrité où l'on n'ait pas à craindre de courant d'air.

323. On doit, pendant tout le temps que dure l'allaitement, qui est ordinairement de 8 à 10 semaines, surveiller avec soin l'alimentation de la truie, car de cette alimentation dépend en général le succès de sa portée. L'excès d'aliments est aussi nuisible que l'insuffisauce et pour les gorets et pour la mère. Le lait de celle-ci suffit ordinairement pendant les deux premières semaines, ensuite il faut donner aux gorets un peu de nourriture. Les jeunes animaux destinés à l'engrais ou à la vente, doivent être châtrés de très bonne heure, c'est-à-dire quand ils n'ont que deux ou trois semaines d'âge. L'opération offre d'autant moins de danger et réussit mieux que les animaux qu'on y soumet sont plus jeunes.

324. Quoique le porc soit de tous les animaux celui qui se trouve placé dans des conditions peu favorables à la propreté, il est le seul qui choisisse l'endroit le plus reculé de son étable pour y déposer ses excréments ; il a donc l'instinct de la propreté, et sa santé exige que sa litière soit souvent renouvelée et même qu'il soit lavé et frotté avec une forte brosse ou avec une poignée de brins de bouleau. Pendant l'été il lui faut de l'eau pour le rafraîchir , et c'est ce qui fait qu'il se vautre dans les bourbiers. L'auge dans laquelle on lui donne à manger doit être lavée avec soin tous les jours.

325. Dans les exploitations rurales les plus vastes comme les plus restreintes , il est utile d'entretenir des porcs en nombre suffisant pour faire consommer divers débris , résidus solides et liquides des récoltes et de la vacherie , les eaux de lavage , dites eaux de vaisselle ; près des forêts on fait consommer le gland sur place.

326. Il existe un grand nombre de races de porcs ; dans le Bourbonnais on élève généralement la race blanche, quelquefois rayée de noir, à longues oreilles. Cette race est haute sur jambes , elle a la tête forte et ne peut être engraissée avant la deuxième année. Depuis quelques années, la race anglo-chinoise , à jambes courtes , à tête petite et à oreilles étroites et droites , se répand dans un grand nombre de localités. Ces derniers s'engraissent jeunes avec peu d'aliment ; à l'âge d'un an ou 14 mois on peut obtenir des porcs gras et d'un poids élevé.

327. Le choix de la race à adopter est subordonné aux ressources que l'on possède, aux moyens d'existence que l'on a et au placement des produits. Près des forêts et dans les localités où , comme dans l'Allier, l'on vend les jeunes porcs à des marchands éloignés qui conduisent les jeunes cochons en Bourgogne et en Franche-Comté, il peut être avantageux d'élever la race blanche du pays ; dans les fermes où l'on n'a pas de forêts à sa disposition et parconséquent de glands , où l'on est dans la nécessité d'engraisser à l'étable et près des villes, la race anglo-siamoise doit être préférée à cause de son aptitude à la graisse et de la facilité que l'on a de la nourrir avec toute espèce de débris.

§ V.

Bouc. — Chèvre. — Oiseaux de basse-cour. — Coq. — Chapon. — Poule. — Poularde. — Incubation. — Engraissement de la volaille. — Dindon. — Oie. — Canard. — Pigeons.

328. Le bouc et la chèvre sa femelle sont des animaux domestiques , qui n'appartiennent pas en général à la grande culture. Il y a bien longtemps qu'on a dit que la chèvre est la vache du pauvre. Essentiellement sobre et rustique , cet animal exige peu de soin et surtout se contente de la nourriture la plus modeste. Mais elle présente de grands inconvénients qui doivent la faire rejeter de tous les pays où les champs sont soigneusement cultivés ou de ceux qui abondent en bois et en vignes. Les chèvres sont si capricieuses qu'on ne peut les garder en troupe et les empêcher de s'écarter, et elles exercent des ravages souvent considérables dans les champs cultivés, dans les vignes, les bois, les haies et les vergers. Cependant, dans quelques contrées, on les nourrit presque toute l'année à l'étable. La chèvre et le bouc peuvent produire à l'âge de huit mois, mais il vaut mieux attendre qu'ils aient atteint au moins vingt mois. La gestation est de cinq mois. Les chevreaux tettent leur mère pendant 5 à 6 semaines, et peuvent être vendus pour la boucherie et surtout pour la peau qui sert à faire des gants.

329. L'élève des oiseaux de basse-cour, soit pour les œufs soit pour la chair, est une des branches secondaires de l'économie rurale qui peuvent le plus contribuer à faire régner l'aisance dans les ménages des petits cultivateurs. Ceux qu'on élève ordinairement sont la poule, le dindon, le canard, l'oie et le pigeon.

330. En Angleterre et dans certaines parties de la France on donne à ces animaux des soins bien entendus, et des expositions remarquables ont même, depuis quelques années, attiré l'attention des cultivateurs.

331. Privé de ses organes générateurs, pour faci-

liter son engraissement, le coq se nomme chapon ;
la femelle dans le même état se nomme poularde.
Si l'on se propose de vendre la volaille grasse, il
faut choisir parmi les nombreuses espèces de poules
celles dont la chair est la plus estimée ; si, au contraire, les œufs doivent être le produit principal, il
faut s'en tenir à la race la meilleure pondeuse qu'il
soit possible de trouver. Dans les environs du Mans,
département de la Sarthe, dans la Bresse, département de l'Ain, on élève de bonnes races pour
l'engraissement ; dans le pays de Caux, département
de la Seine-Inférieure, la race est surtout bonne
pondeuse. Les poules russes, remarquables par leur
grosseur, s'engraissent également bien. La poule
grise campinoise, dite poule de tous les jours,
pond presque chaque jour du printemps à l'automne.

332. On ne doit pas donner à une poule couveuse
plus de 16 œufs. La durée de l'incubation est de
21 jours quand le temps est favorable, et de 22 jours
lorsqu'elle est contrariée par une température humide et froide. Les poulets des œufs récemment
pondus naissent ordinairement un jour plus tôt que
ceux des œufs pondus 25 ou 30 jours avant le commencement de l'incubation. Les poules couveuses
ont besoin d'être bien nourries.

333. La chaleur seule est nécessaire aux poulets le jour qui suit celui de leur naissance ; ils n'ont besoin d'aliments que le lendemain. Une pâtée, formée de farine d'orge et d'avoine, de croûtes de pain trempées et d'un œuf cuit mollet, est l'aliment qui leur convient le mieux pendant les premiers jours. Ils craignent surtout l'humidité et doivent être renfermés, à moins que le temps ne soit sec et chaud. On ajoute plus tard à leur nourriture des criblures de grain et des pommes de terre écrasées.

Pour engraisser la volaille, il faut la priver de sa liberté, placer les mues ou épinettes dans lesquelles on la tient, dans un lieu propre, tranquille et obscure, où la température est tiède et égale. Il faut gorger la volaille d'une nourriture préparée avec de la farine de sarrasin, de maïs, etc., et pour cela introduire avec le doigt les pâtons ou boulettes dans le gosier de l'animal.

334. Le dindon est un peu plus difficile à multiplier et à élever que la poule. La dinde ne peut couver convenablement que 16 œufs ; l'incubation dure 28 à 30 jours. Les jeunes dindonneaux craignent encore plus l'humidité que les jeunes poulets ; on mêle à leur pâtée des horties hâchées avec des oignons jusqu'à ce qu'ils aient pris le rouge, époque critique de leur développement. Cette crise passée, ils deviennent rustiques , et la fin de leur élevage n'offre pas de difficulté. On engraisse les dindons de la même manière que les autres oiseaux de basse-cour.

335. La chair de l'oie est saine et très-nourrissante ; cet animal prend facilement la graisse et donne en outre une plume d'une assez grande valeur. L'incubation dure environ 29 jours. Elle s'engraisse avec toute espèce d'aliments végétaux, mais surtout avec un mélange de grains cuits et de pommes de terre cuites écrasées, donné à discrétion. Pendant l'engraissement, les oies doivent être tenues dans le calme , l'immobilité et l'obscurité. Quelques cultivateurs les éloignent des prairies parce qu'elles ne mangent que l'herbe la plus fine et donnent ainsi toute facilité aux plantes de qualité inférieure d'étouffer les autres.

336. Partout où l'on peut disposer d'une eau courante ou stagnante, le canard multiplie avec la plus grande facilité. La canne pondant plus d'œufs qu'elle n'en peut couver, on peut les utiliser comme aliment : ils valent les meilleurs œufs de poule. L'incubation dure à peu près 29 jours. Les canetons ont besoin de soins pendant les huit ou dix premiers jours , ceux de la mère leur suffisent ensuite. On les nourrit , pendant les premiers jours, de mie de pain mêlée de jaunes d'œufs durs. Le canard bien nourri est toujours suffisamment gras, sans avoir besoin d'être soumis à un régime particulier d'engraissement.

337. On distingue deux espèces de pigeons, les pigeons de colombier, appelés pigeons fuyards, les pigeons de volière. Les premiers se suffisent à eux-mêmes et trouvent dans les champs de quoi se nourrir. Cependant on doit les tenir renfermés à l'époque des semailles d'automne et de printemps, et alors il faut leur donner de la nourriture. Le même soin est nécessaire pendant la saison rigoureuse de l'hiver. Cette espèce ne donne guère que trois pontes par année. Le colombier doit être tenu très-proprement et garanti des rats, des belettes et des fourmis. Au bout d'un mois, les pigeonneaux sont bons à manger. Il ne faut pas attendre qu'ils quittent leur nid et qu'ils commencent à voler, car leur chair devient plus dure et moins délicate. Au reste, l'avantage principal que présentent les pigeons est de fournir de la colombine, qui est un engrais très-actif.

338. Les pigeons de volière présentent de nombreuses variétés, et leur domesticité est complète ; c'est-à-dire qu'ils ne tentent jamais de fuir le lieu qui les a vus naître et où ils trouvent leur nourriture.

S'ils sont bien nourris, ils peuvent faire jusqu'à six et huit pontes par an. La chair des pigeonneaux de volière est préférable à celle des fuyards, et ils sont plus gros; mais il faut les nourrir toute l'année, et par conséquent ils coûtent plus cher que les pigeons de colombier. La vesce, le chenevis et les menus grains conviennent à leur alimentation.

Questions résumant la sixième partie.

§ Ier.

1º Quelle est l'importance du bétail pour une ferme ? (283, 284, 285)

2º Dans quelle proportion la viande doit-elle entrer dans l'alimentation de l'homme ? La France fournit-elle tout ce qu'elle consomme ? (286)

3º Le bétail fournit-il des matières premières à l'industrie ? (287)

4º Le bétail peut-il contribuer à l'amélioration du sol, et comment ? (288)

5º Quelle règle doit-on suivre pour la quantité de bétail que l'on doit nourrir? (289)

6º Quelle race faut-il adopter ? (290)

§ II.

7º A·quoi doit-on s'attacher pour la naissance des veaux et les premiers soins qu'ils demandent ? (291, 292)

8º Pourquoi les bœufs qui tirent ensemble doivent-ils être bien appareillés ? (283)

9º Comment doit-on régler la nourriture des bœufs ? (294)

10º Existe-t-il des caractères qui font reconnaître les bonnes vaches laitières ? (295)

11º Quels soins doit-on donner aux vaches laitières ? (296, 297.)

12º Quels sont les divers modes d'engraissement suivis en France ? (298, 299, 300)

13º Est-il nécessaire de traiter les animaux avec douceur ? (301)

§ III.

14º Quelle est l'utilité des bêtes ovines ? (302)

15º Quels soins doit-on apporter au choix des béliers reproducteurs ? (303)

16º Quelle est la durée de la gestation chez les bêtes ovines, et à quel âge peuvent-elles servir à la reproduction ? (303, 304.)

17º Combien de temps tettent les agneaux et quels soins exigent-ils ensuite ? (305)

18º Quelle race doit-on adopter ? (306)

§ IV.

19º Est-il nécessaire de choisir avec soin les étalons dans la race chevaline ? (307)

20º Les qualités de la jument doivent-elles être prises en considération ? (308)

21º La jument pleine peut-elle travailler ? (309)

22º Quelle doit être la nourriture du poulain pendant les premiers mois de son existence (310)

23• Quelle est la nourriture qui convient aux chevaux de travail? (311, 312, 313)

24º A quel âge peut-on se servir des jeunes chevaux pour les labours ? (314)

25º Quelles sont les meilleures races de labour ? Comment doit être traité le cheval ? (315, 316)

26º Quels sont les services que rend l'âne ? (317)

27º A quel âge l'âne et l'ânesse peuvent-ils produire ? (318)

28º Qu'est-ce que le mulet et quelles sont ses qualités ? (319)

29º Quels sont les vices rédhibitoires prévus par la loi ? (note du nº 319)

§ V.

30º Quels sont les avantages qu'offre le cochon ? (320)

31º A quel âge le verrat et la truie peuvent-ils être employés à la reproduction ? (321)

32º Quels sont les soins qu'il faut donner à la truie qui a mis bas, et pendant qu'elle allaite? (322, 323)

33• Les porcs ont-ils besoin de propreté ? (324)

34º Quelles sont les matières qu'on peut utiliser pour la nourriture du porc ? (525)

35º Quelle est la race qu'il faut préférer ? (326, 327)

§ VI.

36º Le bouc et la chèvre offrent-ils des avantages dans une exploitation ? ne présentent-ils pas des inconvénients ? (328)

37º Est-il avantageux d'élever des oiseaux de basse-cour ? (329, 330)

38º Que faut-il entendre par chapon et par poularde ? (331)

39• Combien d'œufs une poule peut-elle couver ? Quelle est la durée de l'incubation ? (332)

40º Quelle est la nourriture que l'on doit employer pour les jeunes poulets et pour l'engraissement ? (33)

41º Quels sont les soins qu'exigent les jeunes dindons ? (334)

42º Comment engraisse-t-on les oies ? (335)

43º Quels soins demandent les canards ? (336)

44º Existe-t-il plusieurs espèces de pigeons ? Chaque espèce offre-t-elle les mêmes avantages ? (337, 338)

SEPTIÈME PARTIE.

—

FABRICATION DES PRODUITS AGRICOLES.

—

§ 1er

Panification. — Pétrissage. — Fermentation et cuisson.

339. Plusieurs industries se rattachent directement à l'agriculture et exigent du cultivateur des soins spéciaux ; elles ont pour objet la fabrication du pain, du vin, du cidre, de la fécule, de l'alcool, du beurre, du fromage.

340. La farine de froment, celles de seigle et d'orge sont employées seules ou mélangées entre elles ou même avec d'autres farines pour faire le pain. Le procédé consiste à pétrir la farine avec de l'eau ; on y ajoute du levain, et, quand la pâte a fermenté, ou, comme on dit vulgairement, est levée, on en fait des masses que l'on cuit dans des fours. Ainsi donc, trois opérations, pétrissage, fermentation et cuisson, constituent la panification.

341. Le pétrissage consiste à délayer du levain dans la quantité d'eau nécessaire à toute la pâte, puis on y ajoute la farine. On pétrit ensuite dans le but d'introduire l'air dans la masse pâteuse.

342. Quand la pâte est bien pétrie, on la laisse reposer un peu, et puis on la divise pour en faire les pains de la grosseur désirée ; on place cette pâte dans des corbeilles garnies de linge et saupoudrées de farine, et on laisse fermenter jusqu'au point convenable.

343. Lorsque le four est suffisamment chaud, qu'il a été nettoyé, on y introduit le pain. Il ne faut pas qu'il soit surpris par une chaleur trop grande, car alors il se forme une croûte de couleur foncée qui empêche l'eau de s'évaporer, et le pain, dans ce cas, est exposé à moisir, parce qu'il est mal cuit à l'intérieur.

Un peu de farine de fèves rend la farine de froment plus liante.

§ II.

Fabrication du vin. — Foulage du raisin. — Décuvage. — Pressurage. — Maladie du vin. — Cidre. — Poiré. — Fécule. — Eau-de-vie.

344. Le vin est la liqueur que l'on obtient par la fermentation du jus des raisins. Il y a autant d'espèces de vins qu'il y a d'espèces de vignobles. La nature du sol, la température du pays, l'exposition du terrain, la nature des engrais, tout contribue à modifier la qualité de ce produit.

345. Chaque localité suit un usage particulier pour la fabrication du vin ; néanmoins, toutes les opérations se réduisent à quatre : le foulage du raisin, la fermentation du moût, le décuvage et le pressurage.

346. Dans certains vignobles on égrappe, c'est-à-dire qu'on enlève la rafle qui rend le vin moins fin et moins délicat, mais qui lui donne plus de durée. Les vignerons soigneux et désireux d'obtenir de bons vins, séparent, en le cueillant, le raisin mûr et sain du raisin pourri ou peu mûr, et en font des cuvées séparées. Le raisin récolté est foulé et encuvé, et ne tarde pas à fermenter. Le chapeau est formé par les matières soulevées par un gaz qu'on appelle acide carbonique, gaz impropre à la respiration et dont il faut se garantir Dans beaucoup de vignobles, on mélange, peu de jours après la mise en cuve, le chapeau avec le liquide, et on laisse fermenter de nouveau. Pour empêcher le vin d'aigrir, on couvre la cuve d'un couvercle percé d'un trou de bonde ; sur ce trou on place un corps rond que l'acide carbonique puisse soulever, mais qui empêche l'air de pénétrer et de se mettre en contact avec le moût.

347. Le décuvage se fait par des robinets; le liquide soutiré est mis dans des fûts qu'on laisse débouchés pendant quelques jours pour que la fermentation s'achève. Le résidu qui reste dans la cuve est porté au pressoir, et le vin qui en provient est mélangé au premier, ou mieux est mis dans d'autres fûts, car sa qualité est bien inférieure.

348. C'est ainsi qu'on procède pour le vin rouge; quand on veut du vin blanc, on presse la vendange avant de faire fermenter, et l'on met immédiatement en fût le liquide. La lie est formée par les matières qui troublaient le vin et qui se déposent au fond des tonneaux.

349. Les vins sont sujets à plusieurs maladies dues au manque de soin des vignerons. Ils sont exposés à devenir aigres si l'air pénètre dans les fûts ou si la cave est trop chaude. On remédie à cette acidité en ajoutant dans le vin un peu d'une matière appelée tartrate neutre de potasse.

Les vins qui ont peu d'alcool et qui n'ont pas été soufrés peuvent *pousser*. Quand cela arrive, on les transvase dans des fûts où l'on a fait brûler une mèche de soufre.

La graisse qui se manifeste dans les vins blancs, se combat en ajoutant au vin un peu de tannin ou un peu de noix de galle , et même seulement des pépins de raisins pilés.

Si les vins bleuissent, on y ajoute un peu d'acide tartrique.

350. On nomme cidre la boisson fermentée préparée avec des pommes, et poiré celle qui est faite avec des poires. Les pommes ne sont bonnes à être employées que six semaines à peu près après leur récolte. On les écrase en ajoutant une petite quantité d'eau ; on laisse de 12 à 24 heures exposée à l'air la matière ainsi écrasée, et on la soumet au pressoir. Le suc qu'on obtient est mis à fermenter dans de grands tonneaux où il se clarifie. On soutire ensuite et on met dans des tonneaux où la fermentation se continue pendant quelque temps.

351. Dans les fermes où l'on cultive en grand la pomme de terre , on peut lucrativement se livrer à la fabrication de la fécule ; les résidus sont employés à la nourriture et à l'engraissement du bétail. Voici comment on procède : on lave d'abord les pommes de terre, puis on les râpe, on divise ensuite dans l'eau la pulpe, qui est, pour ainsi dire, la chair de la pomme de terre , et on jette le tout sur des tamis en toile métallique dont les fils sont très-serrés. L'eau , en passant , entraîne avec elle la fécule et laisse sur le tamis les autres parties.

Lorsque l'eau et la fécule, recueillis dans des baquets, ont été reposées, on rejette l'eau qui recouvre la fécule déposée au fond, et on lave jusqu'à ce que le précipité (la fécule) soit entièrement blanc. On le fait égoutter sur des toiles, puis sécher au grand air ou dans des étuves (lieux chauffés fortement). La plupart des opérations dont nous venons de parler se font au moyen d'un manége mis en mouvement par des chevaux ou des bêtes à cornes. La fécule est employée à divers usages dans les cuisines ; elle entre dans le collage des papiers ; on en extrait du vinaigre, de l'eau-de-vie, des sirops, etc.

352. L'alcool ou esprit de vin se forme, par la fermentation, dans le vin, la bière, le cidre, etc., et peut en être séparé par une opération appelée distillation.

Pour obtenir l'alcool, on se sert d'un alambic, appareil composé de trois pièces : la chaudière, le chapiteau, auquel est adapté un tuyau communiquant à un réfrigérant (qui refroidit). Le vin placé dans la chaudière est soumis à l'ébullition ; l'alcool se dégage sous forme de vapeurs, se rend par le tuyau dans le réfrigérant où il reprend l'état liquide. C'est là l'eau-de-vie à plusieurs degrés.

353. Cette eau-de-vie renferme une certaine

quantité d'eau que l'on fait disparaître par plusieurs distillations successives. C'est ainsi que l'on obtient de l'esprit de vin ou alcool.

Tous les vins ne sont pas également propres à être convertis en eau-de-vie et n'en donnent pas la même quantité.

On obtient également de l'eau-de-vie et de l'alcool en distillant le produit sucré que l'on retire de la betterave ; le résidu est ensuite employé à nourrir le bétail. Le sorgho à sucre, nouvellement introduit en France, fournit également de l'alcool par la distillation.

§ III.

**Conservation du lait. — Fabrication du beurre, du fromage.
Fromage cuit. — Fromage égoutté.**

354. Lorsque l'on est peu éloigné d'une ville, le moyen de tirer le parti le plus avantageux du laitage est de le vendre tel que la vache le fournit ; mais si l'on ne peut le faire à cause de l'éloignement du marché, il faut le transformer en beurre et en fromage.

355. Quel que soit l'usage auquel on destine le lait, il faut 1° veiller à ce que les vaches soient traites complètement à chaque fois, car sans cela la quantité de leur lait diminue considérablement ;

2º faire laver le pis des vaches avant de les traire. Ce soin contribue beaucoup à la bonne qualité du lait et à la conservation du beurre ; 3º cesser de traire un mois environ avant l'époque à laquelle les vaches doivent vêler, quand même elles n'auraient pas cessé de donner du lait ; 4º exiger une grande propreté pour tous les vases et ustensiles de la laiterie.

356. La conservation du lait exige également de soins qu'on néglige trop souvent dans les fermes. Il faut le garder dans un lieu frais, c'est-à-dire dans un lieu ayant la température d'une bonne cave, 12º degrés environ , aussi bien en hiver qu'en été. La laiterie doit être à l'abri des rayons du soleil, et, s'il se peut, accessible aux vents du nord ; on en éloigne enfin les mouches, à l'aide de volets recouverts d'un calicot grossier, car ces insectes compromettent le lait en y déposant leurs œufs.

Si l'on craint que le lait ne s'altère, on le fait chauffer chaque jour , ou bien on y ajoute un gramme de bicarbonate de soude pour 2 à 3 litres. Ce moyen ne nuit pas à la crème, mais donne une saveur désagréable au lait.

357. La première crème qui monte est toujours la meilleure ; aussi le beurre aura-t-il des qualités supérieures si l'on sépare la crème du lait dès que là plus grande partie en est montée. Celle qui reste ongtemps en contact avec le lait, tend à se gâter.

On sépare la crême du lait soit avec une écumoire, soit en retirant le lait du vase par une ouverture située à la hauteur du fond.

358. Il ne faut pas laisser gâter la crême, mais elle doit avant d'être convertie en beurre être passée légèrement à l'acide (aigreur); si elle ne l'est pas il faut y ajouter 15 pour cent de petit lait.

359. Le battage se fait dans des vases qu'on nomme barattes. Quelques personnes prétendent que le battage à la main est préférable à celui qui se fait à la mécanique; dans tous les cas, il doit être uniforme et non interrompu.

Lorsque le beurre est fait, il est essentiel de le laver et de le pétrir avec une cuillère en bois, pour en sortir tout le petit lait.

Cette opération doit être faite promptement, et il faut éviter, en la pratiquant, d'introduire dans le beurre beaucoup d'air, car cela le porterait à rancir.

360. La variété des fromages est telle, qu'on ne peut indiquer ici un procédé qui soit de nature à donner des fromages de telle ou telle qualité; d'ailleurs si la fabrication influe sur celle-ci, il est évident que le lait est aussi pour beaucoup dans leur goût et leur apparence. Néanmoins, deux procédés sont généralement employés.

36I. Pour l'un on prépare le fromage en faisant cuire le lait caillé, soit après l'avoir écrêmé, soit en employant le lait tout entier. C'est ainsi que se fabriquent le gruyère et quelques autres fromages. Mais comme on doit, pour cette fabrication, agir sur de grandes quantités de lait, il est nécessaire que plusieurs fermes forment une association, réunissant le lait qu'elles produisent chaque jour. De cette manière, les frais sont bien moins considérables.

362. Dans le second procédé, on égoutte le lait caillé. Le moyen le plus simple pour faire cailler le lait est de faire tremper dans un verre une petite quantité de caillette, c'est-à-dire de matière contenue dans l'estomac d'un jeune veau et préparée avec du sel et du vinaigre, et de verser le lait du verre dans le vase à lait. On emploie également la présure faite avec du petit lait fermenté et bouilli avec une caillette. En hiver, on doit placer le lait qui a reçu la présure, dans une chambre chaude; en été on le laisse dans une chambre où pénètre le soleil. Au bout de douze ou quinze heures, le lait est caillé, et on sépare le fromage du petit lait. Il faut avoir soin de ne pas trop briser le fromage eu le plaçant dans des vases percés de trous , où il égoutte. Quand il est assez égoutté, on le retire du vase et on le saupoudre de sel. Le fromage de Brie peut être considéré comme le type de cette espèce de fromage ; les fromages d'Auvergne, Cantal et autres sont également fabriqués par ce procédé. On distingue les fromages ainsi préparés, en gras, demi-gras et maigres ; les premiers sont faits avec le lait non écrémé ; les derniers avec le lait écrémé ; les intermédiaires avec le lait à demi-écrémé.

Questions résumant la septième partie.

§ 1er.

1° Quelles sont les industries qui se rattachent à l'agriculture ? (339)

2° Quelles sont les farines que l'on emploie pour la fabrication du pain ? Quelles sont les opérations qu'elle comprend ? (340)

3° Comment se fait le pétrissage ? (341)

4° Comment se fait la fermentation dans le pain? (342)

5° Comment a lieu la cuisson du pain ? Quelles précautions exige-t-elle ? (343)

§ II.

6° Qu'est-ce que le vin et quelles sont les circonstances qui modifient ses qualités? (344)

7° Quelles sont les opérations que comporte la fabrication du vin? (345)

8° Quelles sont les précautions à prendre dans la récolte du raisin et pendant la fermentation du vin? (346)

9° Comment procède-t-on au décuvage? (347)

10° Quel est le procédé employé pour le vin blanc? (348)

11° Quelles sont les maladies auxquelles sont exposés les vins et comment y remédie-t-on? (349)

12° Comment prépare-t-on le cidre? (350)

13° Comment fabrique-t-on la fécule et quels sont ses usages? (351)

14° Comment s'obtient l'alcool? (352, 353)

§ III.

15° Comment tire-t-on le parti le plus avantageux du lait? (354)

16° Quelles sont les précautions à prendre pour traire les vaches? (355)

17° Quels soins exige la conservation du lait? (356)

18° Comment sépare-t-on la crème du lait? (357)

19° Dans quel état doit être la crême que l'on transforme en beurre ? (358)

20° Quels soins exigent le battage de la crême et le lavage du beurre ? (359)

21° A quoi tiennent la qualité et la variété des fromages ? (360)

22° Quels sont les divers procédés employés pour la fabrication du fromage? (361, 362)

23° Qu'est-ce que la présure et comment l'emploie-t-on ? (363)

HUITIÈME PARTIE.

—

COMPTABILITÉ AGRICOLE.

—

363. La loi oblige les commerçants à tenir des livres sur lesquels ils consignent jour par jour, tout ce qu'ils achètent, tout ce qu'ils vendent, tout ce qu'ils dépensent ; ils doivent en outre, à la fin de chaque année, faire un inventaire, c'est-à-dire, énumérer et estimer en argent, article par article, tous les objets qu'ils possèdent ; de cette manière ils peuvent se rendre un compte exact de toutes les opérations qu'ils ont faites, des bénéfices ou des pertes de l'année. Pourquoi les agriculteurs n'en feraient-ils pas autant ? Cependant rien de plus important que de savoir, chaque année, les bénéfices que le bétail a donnés, le rendement des grains, les dépenses qu'ont exigées les améliorations. La mémoire, sans l'écriture, ne peut retenir les détails et les chiffres qui décident de la perte ou du gain. Le cultivateur soigneux doit donc, à son entrée en jouissance, faire un inventaire dans lequel il énumérera et estimera tout ce qu'il trouve et tout ce qu'il apporte dans la ferme, bétail, instruments

aratoires, grains, etc. Cet inventaire sera renou-
velé tous les ans, avec le compte de fin d'année.

364. Quant à la méthode à suivre, c'est à chaque cultivateur à en inventer une ; elle sera bonne
s'il n'oublie rien d'essentiel. Toutefois, il doit y
avoir quelque différence dans la tenue des comptes,
suivant que l'on cultive par soi–même ou par métayer.

365. Le livre indispensable pour tenir tous les
comptes en règle, est un livre-journal, sur lequel
on inscrit chaque jour tout ce que l'on reçoit,
et tout ce que l'on dépense, tout ce que l'on achète
et tout ce que l'on vend.

Pour montrer comment on peut procéder, nous
allons donner un exemple de comptabilité, pour
métayer, et un exemple pour propriétaire ou fermier.

COMPTABILITÉ DU MÉTAYER.

366. Le métayer ou colon partiaire exploitant de
société avec le propriétaire ou le fermier qui le re-
présente, et sous sa direction, le domaine dont la
culture est confiée à ses soins, il est indispensable
qu'un compte soit ouvert spécialement entre eux.
Il a pour éléments principaux les achats et les ventes, et les avances que le propriétaire fait à son

métayer au fur et à mesure de ses besoins. Comme il est d'un usage général dans le département de l'Allier que le propriétaire reçoive le prix des ventes et paie celui des achats, cet usage servira aussi de base à la méthode à suivre dans la tenue des comptes. En conséquence, on devra porter au débit du métayer la moitié du prix de chaque acquisition, et à son avoir la moitié du prix de chaque vente.

367. Mais ce n'est pas tout : un métayer économe et sage doit se rendre compte des produits qu'il obtient par la culture, des dépenses qu'il fait pour les obtenir. C'est l'objet de son compte particulier, comprenant toutes ses récoltes et toutes ses dépenses, et comme il consomme lui-même une partie de ces produits, il devra les porter en recette à leur valeur, et les porter ensuite en dépense au même prix, au fur et à mesure de la consommation.

368. Enfin il doit à la fin de chaque année se rendre un compte exact des produits du domaine qu'il cultive, ce sera l'objet du compte de fin d'année. C'est pour rendre cet examen aussi simple que possible, qu'il divisera en chapitres les diverses sources de produits, et qu'à chaque article du compte, il indiquera dans une colonne spéciale le chapitre auquel il se rapporte. D'après le mode de culture le plus ordinaire, ces chapitres peuvent se classer ainsi : 1° Bêtes à cornes et chevalines ; 2° bêtes à laines ; 3° porcs ; 4° grains ; 5° frais et produits divers ; 6° amendements, comme chaux, fumiers.

369. Au moyen des numéros indiqués dans la colonne, on relève en peu de temps, à la fin de l'année, ce qui appartient à chaque chapitre, en profit ou en dépense, et on arrive à reconnaître ainsi dans quelle proportion chaque nature de produits entre dans le revenu général du domaine.

370. Procédant suivant ces données, le métayer divisera chaque page de son livre de compte en cinq colonnes :

1° Une colonne destinée à recevoir les dates ;

2° Une colonne étroite destinée à recevoir le n° du chapitre auquel l'article appartient ;

3° Une large colonne pour désigner l'objet de l'article ;

4° Deux colonnes doubles, l'une pour le débit, l'autre pour l'avoir de son compte avec le propriétaire ; chacune de ces colonnes sera disposée de manière à distinguer les francs des centimes ;

5° Deux colonnes doubles, l'une pour les recettes, l'autre pour les dépenses de son compte particulier.

371. Inscrivons maintenant à ce livre quelques

articles pour mieux faire comprendre le mécanisme de cette comptabilité, la plus simple que nous ayons pu trouver :

Notre métayer vient d'arrêter son compte avec son propriétaire, le 11 novembre de l'année 1858; il a seulement 25 francs en caisse, et il se trouve débiteur de 54 francs qu'il ne peut payer, et que le propriétaire consent à reporter sur le compte de l'année suivante : à la colonne des dates il écrit 11 novembre; il n'inscrit rien à la colonne des chapitres, parce que cet article ne se rapporte à aucun des chapitres spéciaux; dans la colonne des désignations, il écrit reliquat de l'année précédente; à la colonne de son débit il écrit 54 francs, et à celle des recettes il écrit 25 francs.

Le 15, il paye à un ouvrier qu'il a employé à réparer les rigoles des prés, une somme de 8 francs.

A la colonne des dates il écrit 15; à celle des chapitres il met le chiffre 5, qui est celui des frais divers; à la colonne des désignations il écrit : « payé à un ouvrier employé aux rigoles des prés »; à la colonne des dépenses de son compte particulier (le propriétaire ne devant rien supporter de cette dépense) il écrit le chiffre 8.

Le 20, il vend à la foire 5 porcs pour 450 francs. Il écrit à la première colonne 20; à la seconde, celle des chapitres, 3 ; à la troisième , vendu à la foire de... 5 porcs 450 francs et 50 centimes pour étrennes. La première de ces deux sommes lui appartient seulement pour moitié , c'est-à-dire pour 225 francs, et comme elle reste entre les mains du propriétaire , il la porte à l'avoir de son compte avec celui-ci, et ne l'inscrit pas aux recettes de son compte particulier, parce qu'il ne la reçoit pas ; au contraire, le propriétaire lui abandonnant , selon l'usage , les étrennes , il ne les porte pas à l'avoir de ce compte , mais aux recettes de son compte particulier.

(Voir les planches I et II.)

372. Dans l'exemple de comptabilité qui précède , on voit que le compte du métayer avec son propriétaire se règle en sa faveur par 201 fr. 20 c., puisqu'il ne doit que 921 fr. 30 c., et que son avoir s'élève à 1,122 fr. 50. Quant à son compte particulier, il se règle par 567 fr. 15 c. de boni, puisque ses recettes s'élèvent à 1,887 fr. 90 c. et ses dépenses à 1,320 fr. 75 c.

373. Par la récapitulation générale qui vient ensuite, on reconnaît immédiatement quel a été le produit de chaque chapitre : 580 fr. pour le premier , 254, 50 pour le deuxième , 164, 80 pour le troisième, et 1,265, 40 pour le quatrième ; les chapitre V^e et VIe, au contraire, établissent une dépense de 678 fr. 50 c. qui, déduits des recettes totales, donnent 1,586 fr. 20 c. pour le produit net ; et comme il ne se trouve en caisse que 567 fr., le surplus a été dépensé dans le ménage.

374. La comptabilité du propriétaire, dont nous allons donner un exemple avec les mêmes articles que ceux portés au compte du métayer, à l'exception cependant de ceux qui ne concernent que les dépenses particulières du colon, peut très bien servir pour un fermier cultivant par métayer. Les mêmes chapitres que dans la comptabilité précédente se retrouveront ici, parce que les diverses sources de produits sont les mêmes. Cependant aux six chapitres qui existent dans la comptabilité du métayer, nous en ajoutons un septième pour les dépenses qu'on peut appeler foncières, et qui créent une nouvelle valeur sur l'immeuble ; c'est ce qui a lieu lorsqu'on fait des constructions nouvelles, des plantations, etc. Ce septième chapitre ne doit pas se trouver dans la comptabilité du fermier.

Le propriétaire peut, comme le colon, faire une récapitulation annuelle dans le genre de celle que nous avons donnée ci-dessus.

(Voir la planche III.)

Questions résumant la huitième partie.

1º Pourquoi la loi oblige-elle les commerçants à tenir des livres ? Le cultivateur a-t-il besoin d'avoir une comptabilité en règle ? (363)

2º Quelle méthode doit-il suivre pour cela ? (364)

3• Quel est le livre nécessaire pour tenir des comptes en règle ? (365)

4º Comment doit procéder le métayer pour tenir ses comptes ? (566)

5º Est-il nécessaire que le métayer se rende compte des produits qu'il obtient et des dépenses qu'il fait ? (367)

6º Quels sont les divers chapitres nécessaires pour se rendre un compte exact de tous les produits du domaine ? (568, 569)

7º Comment doit être divisé le livre-journal ? (370)

8º Donner des exemples de la manière dont les articles doivent être passés sur le livre ? (571, 372, 373)

9º En quoi la comptabilité du propriétaire doit-elle différer de celle du métayer ou du fermier ? (374)

CONCLUSION.

—

Si nous avons été assez heureux, jeunes gens, pour vous exposer clairement les principes généraux sur lesquels repose l'agriculture ; les connaissances qu'elle exige, les travaux qu'elle embrasse, vous aurez compris, comme nous vous l'avons déjà dit, qu'elle est la première des industries. Aussi combien mérite-t-elle d'être aimée et préférée à toutes les autres ! Combien n'offre-t-elle pas d'avantages qu'on ne trouve pas ailleurs ! Elle procure aux habitants des campagnes des biens que ne trouvent pas, dans les villes et les manufactures, ceux qui désertent les champs et qui vont compromettre leur existence dans ces gouffres où les attire l'appas d'un salaire plus élevé ou d'un gain plus rapide. A quels mécomptes, à quelles déceptions ne sont pas exposés les ouvriers de nos villes et de nos grands centres industriels ! Ils gagnent plus qu'à la campagne, mais aussi combien les dépenses sont-elles plus élevées : logement, vivres, habillement, tout est plus cher, et la morte-saison et les chômages pendant lesquels on ne gagne rien, viennent encore diminuer le gain de l'année et ajouter aux privations. C'est-à-peine s'il s'écoule une année sans que l'on ait, dans nos cités manufacturières, l'affligeant spectacle de populations ouvrières sans travail et sans pain, souffrant d'autant plus qu'elles ont compté sur un travail non-interrompu, et qu'elles n'ont rien économisé. Par combien de privations sont alors rachetées les quelques jouissances qu'elles ont cru trouver au sein des villes !

La vie est souvent difficile dans nos cités, et la santé elle-même y est continuellement compromise : le prix des loyers force l'ouvrier à se loger dans des appartements étroits et malsains ; il respire, toute la journée, un air chargé de corps étrangers qui nuisent à ses organes ; aussi, voyez la plupart des personnes attachées aux grandes manufactures, elles sont courbées avant le temps par une vieillesse anticipée, elles sont faibles et débiles ; c'est à peine si la vigueur de la jeunesse peut donner aux jeunes gens la santé florissante de l'adolescence. Le moral n'est pas moins exposé que le corps au contact des gens viciés que l'on rencontre si souvent dans les nombreuses réunions, car il s'y trouve inévitablement des individus corrompus et flétris par la débauche et la fréquentation des cabarets.

Les travaux de la campagne, au contraire, entretiennent la santé, prolongent l'existence, parce

qu'on respire dans les champs un air pur et salu-
bre ; les bonnes mœurs y sont à l'abri de la conta-
gion des mauvais exemples et des conseils perni-
cieux, et s'y maintiennent plus simples et plus
pures.

Les occupations y sont variées ; il y en a pour
chaque saison, pour chaque mois, pour chaque semaine, pour chaque jour ; l'esprit travaille, le cultivateur fait à chaque instant acte d'homme intelligent. Dans la fabrique, le manouvrier, presque ré-
duit au rôle de machine, se livre toujours au même
travail abrutissant.

Ah ! que le séjour des champs est préférable ! Là,
le travail ne fait jamais défaut, point de morte-saison ;
l'hiver même, comme les beaux jours, a ses occupations. Tout y parle de Dieu à l'homme, depuis
l'oiseau qui chante ses louanges, au lever du soleil, jusqu'au ruisseau qui murmure une plainte in-
connue sur son lit de gazon ; partout on sent la
bonté du Créateur, sa divine présence, et instinc-
tivement on l'aime ; on le bénit. Il est si admirable
et si grand dans ses œuvres ! Et quand arrive le jour
du repos, le dimanche, le cultivateur n'est-il pas
heureux de se rendre à l'église pour y joindre ses
prières à celles du vénérable pasteur qui appelle les
bénédictions du ciel sur ses récoltes. Quel charme

ne trouve-t-il pas dans ces entretiens qui suivent la célébration des offices et abrègent la longueur d u chemin pendant le retour ! Mais aussi point de ces réunions dans les cafés et les cabarets, où l'ouvrier mange le gain de la semaine, l'argent qui devait fournir le pain nécessaire à sa famille, où il use sa santé et se brûle le corps avec des boissons malfaisantes. Aimez donc la vie des champs, jeunes gens, aimez-la, car elle vous procurera des jouissances que vous ne trouverez point dans d'autres professions ; mais surtout travaillez avec intelligence, et la terre, qui n'est point ingrate, payera au centuple les soins que vous lui prodiguerez. Vous vous rendrez ainsi utiles à la société, vous vous attirerez l'estime et l'amitié des gens de bien, vous trouverez au milieu des champs le travail, le bien-être et le calme qui donnent la santé au corps ; vous y conserverez les vertus simples et modestes qui sont la santé de l'âme.

CHEVALIER.

TABLE.

—

Moulins, Typ. de P.-A. Desrosiers et Fils.

COMPTABILITÉ DU MÉTAYER.

N° 1.

DATES.	N° des chap.	OBJET DE L'ARTICLE.	COMPTE AVEC LE PROPRIÉTAIRE.		COMPTE PARTICULIER.	
			DOIT.	AVOIR.	RECETTES.	DÉPENSES.
11 novembre.		Reliquat de l'année précédente dû au propriétaire.	54			
11 id.		En caisse.			25	
15 id.	5	Payé à N..., pour journées consacrées aux rigoles des prés.				8
20 id	5	Vendu à la foire de 5 porcs, 450 fr., étrennes, 0 50.		225	50	
20 id.	3	Retenu pour les besoins de la maison un porc au prix de 90 fr.	90	45		90
21 id.		Livré au meunier pour la consommation 15 doubles décalitres seigle à 2 fr 25, et 5 doubles décalitres froment à 3 fr. 25.				50
25 id.		Acheté 50 kil de sel à 10 fr. et 5 kil. d'huile à 1 fr. 20.				16
4 décembre.	3	Acheté 8 jeunes porcs à 20 fr l'un, 160 fr.	80			
10 id.		Payé au tailleur pour façon d'habits.				22
18 id.	4	Produit de la récolte d'avoine, 328 doubles décalitres à 1 fr. 40.			459 20	
18 id.		Livré au meunier pour la consommation 15 doubles décalitres seigle à 2 fr. 25 et 5 doubles décalitres froment à 3 fr. 25.				50
18 id.	3	Retenu pour la consommation des porcs 18 doubles décalitres avoine.				9
25 id.	5	Payé à N..., ouvrier, pour le battage des grains.				31
8 janvier.	4	Vendu 310 doubles décalitres d'avoine à 1 fr. 30, perte à déduire.				
8 id.		Livré au meunier pour la consommation, 15 d. d. seigle à 2 fr. 25 et 5 d. d. froment à 3 fr. 25.				50
15 id.	4	Produit du battage des seigles, 245 doubles décalitres à 2 fr. 25.			551 25	
12 février.		Acheté vaisselle et ustensiles divers.				12 10
8 mars.	1	Vendu à la foire de 2 bœufs, 800 fr. et 3 fr pour étrennes.		400	3	
12 id.		Reçu de M.., (le propriétaire) pour avances.	25		25	
12 id.		Livré au meunier 15 d. d. seigle à 2 fr. 25 et 5 d. d. froment à 3 fr. 25.				50
24 id.	1	Acheté un taureau 180 fr.	90			
24 id.	5	Reçu de M..., (le prop.) 30 kil. graine de trèfle.	19 10			
24 id.	5	Reçu de M.., (le prop) 30 kil, raygrass, à 0 fr. 60.	9			
9 avril.	4	Produit du battage du froment 123 d. d. à 3 fr. 50.			430 50	
15 id.		Reçu de M.., (le prop.) pour avances.	15		15	
		À reporter.	582 50	670	1509 45	415 70

DATES.	NUMÉROS des chap.	OBJET DE L'ARTICLE.	COMPTE AVEC LE PROPRIÉTAIRE.		COMPTE PARTICULIER.	
			DOIT.	AVOIR.	RECETTES.	DÉPENSES.
		Report	382 50	670	1509 45	413 70
15 avril.		Livré au meunier 15 d. d. seigle à 2 fr. 25 et 5 d. d. froment à 3 fr. 25. . . .				50
20 id.		Payé au tisserand pour façon de toile				18
8 mai.	2	Produit de la tonte des brebis, 20 kil. de laine à 3 fr. 60.			72	
18 id.	1	Vendu une vache 180 fr. et 2 fr. d'étrennes		90	2	
18 id.		Livré au meunier 15 d. d. seigle à 2 fr. 25 et 5 d. d. froment à 3 fr. 25				50
24 id.	5	Payé à N..., ouvrier, employé à la vigne.				22
24 id.	4	Vendu 50 d. d. de froment à 3 fr. 60, profit.			5	
9 juin.	1	Vendu un poulain 200 fr. et 5 fr. pour étrennes		100	5	
15 id.		Livré au meunier 20 d. d. seigle à 2 fr. 25 et 10 de froment à 3 fr. 50.				80
28 id.		Reçu de M .., (le prop.) pour avances	50		30	
30 id.	5	Payé par règlement aux ouvriers employés aux foins.				45
10 juillet.		Livré au meunier 20 d. d. seigle à 2 fr. 25 et 10 d. d.-froment à 3 fr. 50.				80
20 id.		Reçu de M .., (le prop.) pour avances.	60		60	
26 id.	5	Payé aux ouvriers de moisson				104
15 août.	1	Vendu à la foire de une génisse 160 fr., étrennes 1 fr. 50		80	1 50	
18 id.		Livré au meunier 15 d. d. seigle à 2 fr. 25 et 5 d. d. froment à 3 fr. 50.				50
24 id.	2	Vendu 20 moutons primaux à 26 fr. la paire, étrennes 1 fr.		130	1	
30 id.	2	Vendu 15 vieilles brebis à 7 fr., étrennes 0 75.		52 50	75	
8 septembre.		Livré au meunier 20 d. d. seigle à 2 fr. 25 et 5 d. d. froment à 3 fr. 50.				50
15 id.		Emploi de la laine pour vêtement 72 fr., frais de teinture 18 fr., fabrication d'étoffe 36 fr.				126
23 id.	6	Prix de 400 hectolitres de chaux à 1 fr. 50, 600 fr., dont le tiers . .	200			
28 id.	4	Vente de 20 d. d. de seigle à 2 fr., perte.				5
10 octobre.		Livré au meunier 20 d. d. seigle à 2 fr. 25 et 6 d. d. froment à 3 fr. 30				66
		A reporter	672 50	1122 50	1686 70	1159 70

DATES.	NUMÉROS des chap.	OBJET DE L'ARTICLE.	COMPTE AVEC LE PROPRIÉTAIRE.		COMPTE PARTICULIER.	
			DOIT.	AVOIR.	RECETTES.	DÉPENSES.
		Report.	672 50	1122 50	1686 70	1159 70
	4	Déficit au grenier de 1 d. d. froment				3 50
18 octobre.	4	Employé en semences 40 d. d. seigle				90
		Déficit au grenier de 1 d. d. seigle				2 25
22 id.	5	Payé à divers ouvriers employés aux semences et autres travaux.				62
8 novembre.	4	Reçu pour semer de M..., (prop.) 30 d. d. froment criblé à 3 fr. 30, dont moitié	45 50			
8 id.	4	Pour perte de 2 d. d. par criblure 6 fr. 60, dont moitié	3 30			3 30
10 id.	5	Pour impôts	200			
11 id.		Reçu de M..., (prop.) pour règlement de compte			201 20	
			921 30	1122 50	1887 90	1320 75
			201 20			567 15
			1122 50			1887 90

RÉCAPITULATION ANNUELLE.	DOIT.	AVOIR.	PRODUIT NET
Chapitre 1er. Bêtes à cornes et chevalines		400	
	90	90	
		100	
		80	
		570	
	90	90	
		580	580
Chapitre 2. Bêtes ovines		72	
		130	
		52 50	
		254 50	254 50
Chapitre 3. Bêtes porcines.......		225	
		45	
	80		
	25 20	270	
	105 20	105 20	
		164 80	164 80
Chapitre 4. Grains.............		459 20	
	31		
		551 25	
		430 50	
		5	
	5		
	3 50		
	90		
	2 25		
	45 50		
	3 30	1445 95	
	180 55	180 55	
		1265 40	1265 40
Chapitre 5. Frais et produits divers......	8		
	9		
	19 50		
	9		
	22		
	45		
	104		
	62		
	200		
	478 50		
Chapitre 6. Amendements..........	200		
	678 50		
Résumé définitif .... { Avoir			2264 70
Doit			678 50
Produit net			1586 20
Boni en caisse........			567
Dépenses de la famille, ci....			1019 20

DATES.	NUMÉROS des chap.	DÉSIGNATION DES ARTICLES.	COMPTE DE GESTION.		COMPTE DU MÉTAYER.	
			DOIT.	AVOIR.	DOIT.	AVOIR.
11 novembre.		Reliquat dû par le métayer sur l'année précédente			54	
15 id.	7	Payé à N... ouvrier, pour frais de plantations	30			
20 id.	5	Vendu à la foire de 5 porcs pour 450 fr.		225		225
20 id.	3	Vendu à N... (métayer), 1 porc pour son usage, 90 fr.		45	90	45
20 id.	5	Payé pour écossage de grains, y compris la location de la machine, les fournitures, la nourriture des ouvriers, etc.	130 95			
20 id.	4	Produit de l'avoine, 328 doubles décalitres à 1 fr. 40		459 20		
20 id.	4	Produit du seigle, 245 doubles décalitres à 2 fr. 25		551 25		
20 id.	4	Produit du froment, 123 doubles décalitres à 3 fr. 50		430 50		
4 décembre.	3	Acheté 8 jeunes porcs à 20 fr. l'un, 160 fr.	80		80	
4 id.	5	Payé à N..., terrassier, pour réparation à l'abreuvoir	8			
4 id.	5	Payé au tuilier pour fourniture de tuiles	9			
4 id.	5	Payé au maçon pour diverses réparations.	25			
10 janvier.	4	Vendu à X..., 320 d. d. avoine à 1 fr 30 au lieu de 1 fr. 40 perte	32			
10 id.	3	Remis à N..., (métayer), pour la nourriture des porcs 18 d. d avoine.	25 20			
8 mars.	4	Vendu à la foire de 2 bœufs 800 fr.		400		400
8 id.		Remis à N..., (métayer) pour avances.			25	
8 id.	1	Acheté un taureau 180 fr.	90		90	
8 id.	5	Acheté 30 kilog. de graine de trèfle à 1 fr. 30 et 30 kilo. raygrass à 0 60.	28 50		28 50	
15 avril.		Remis à N .. (métayer), pour avances			15	
25 id.	7	Chaux pour construction d'une nouvelle étable 20 hect. à 1 fr. 50.	30			
18 mai.	1	Vendu à la foire de une vache 180 fr.		90		90
9 juin.	1	Vendu un poulain 200 fr.		100		100
15 id.	7	Payé au maçon pour construction de la nouvelle étable.	90			
	7	Payé au scieur de long pour façon de bois pour la nouvelle étable.	35			
	7	Payé au charpentier pour charpente et couverture de la nouvelle étable, prix fait	150			
		A reporter.	763 65	2200 95	382 50	800

DATES.	NUMÉROS des chap.	DÉSIGNATION DES ARTICLES.	COMPTE DE GESTION.		COMPTE DU MÉTAYER.	
			DOIT.	AVOIR.	DOIT.	AVOIR.
28 id.		Remis à N... (métayer), pour avances. — *Report*,	703 65	2260 05	382 50	860
20 juillet.		Remis à N..., pour avances			50	
15 août.	1	Vendu à la foire de une génisse 160 fr.			60	
24 id.	2	Vendu 20 moutons primiaux à 26 fr. la paire, 260 fr.		80		80
30 id.	2	Vendu 15 vieilles brebis à 7 fr., 105 fr.		130		130
30 id.	4	Vendu 104 d. d. seigle à 2 fr. 10 perte pour 1 d. d. 0 15	30 60	52 50		52 50
30 id.	4	Vendu 90 d. d. froment à 3 fr. 30, perte	18			
3 septembre.	2	Vendu 20 kilog. de laine à 3 fr. 80.		76		
25 id.	6	Payé au chaufournier pour 400 hectol. de chaux, 600 fr.	400			
18 octobre.	4	Remis au métayer pour moitié des semences, 40 d. d. seigle.			200	
	4	Déficit au grenier d'un d. d. seigle.	90			
22 octobre.	5	Payé à l'ouvrier surveillant la rentrée des grains, 4 journées.	2 25			
	4	Remis au métayer pour les semences totales de froment 30 d. d. criblé à 5 fr. 30.	8			
	4	Pour perte de 2 d. d. par criblures, 6 fr. 60.	45 50		45 50	
24 octobre.	4	Pour perte sur 30 d. d. de 0 20 par chaque et 1 manquant au grenier	3 50		3 30	
10 novembre.	5	Impôts de l'année payés au percepteur	9 10			
11 id.	5	Rétribution colonique.	140			
		Payé au métayer le solde de son compte.	291 20	200	200	
			1712 00	2.739 45	921 30	1122 50
				1.712 00		921 30
		Excédant des produits sur les dépenses		1,027 45	*Bénef. du mét.*	201 20